高职高专计算机类专业系列教材：项目/任务驱动模式
高等职业教育新形态一体化系列教材

U0290653

数据库应用技术实用教程

主　编　赵　强
副主编　蓝建平　吴昱昊

电子工业出版社
Publishing House of Electronics Industry
北京·BEIJING

内 容 简 介

本书以 MySQL 数据库管理系统为载体，介绍了数据库应用技术的相关理论知识，主要内容包括数据库技术基础、数据库基本操作、数据库的创建与修改、表的创建与修改、表数据的操作、实现数据完整性、数据查询、视图的创建与应用、索引的创建与使用、数据库程序设计、函数与存储过程、触发器、游标、事务与锁、数据库的安全性、数据库管理等方面。

本书以培养学生的数据库操作应用能力为主旨，通过学习掌握数据库常用操作技能，能够设计、创建和维护数据库，并且能结合其他相关知识进行数据库应用系统开发或者网站设计。

本书的编写充分考虑高等职业院校学生的学习基础、学习习惯，案例取材于学习和生活的实际，并配有微课视频、源代码、演示文稿、课后习题等丰富的数字化教学资源。

本书形式新颖、概念清楚、结构合理、语言简洁流畅、通俗易懂、适用性强，便于教师教学和学生自学，可作为高职院校计算机应用、软件技术、网络技术、云计算、大数据、人工智能、信息安全等相关专业的教学用书，也可供各类培训、计算机从业人员和爱好者使用。

未经许可，不得以任何方式复制或抄袭本书之部分或全部内容。

版权所有，侵权必究。

图书在版编目（CIP）数据

数据库应用技术实用教程 / 赵强主编. —北京：电子工业出版社，2023.2

ISBN 978-7-121-44848-5

Ⅰ．①数… Ⅱ．①赵… Ⅲ．①关系数据库系统—高等学校—教材 Ⅳ．①TP311.138

中国国家版本馆 CIP 数据核字（2023）第 005428 号

责任编辑：魏建波

印　　刷：三河市兴达印务有限公司

装　　订：三河市兴达印务有限公司

出版发行：电子工业出版社

　　　　　北京市海淀区万寿路 173 信箱　邮编 100036

开　　本：787×1092　1/16　印张：15.25　字数：390.4 千字

版　　次：2023 年 2 月第 1 版

印　　次：2023 年 7 月第 2 次印刷

定　　价：49.00 元

凡所购买电子工业出版社图书有缺损问题，请向购买书店调换。若书店售缺，请与本社发行部联系，联系及邮购电话：（010）88254888，88258888。

质量投诉请发邮件至 zlts@phei.com.cn，盗版侵权举报请发邮件至 dbqq@phei.com.cn。

本书咨询联系方式：（010）88254609，hzh@phei.com.cn。

前　　言

当今世界是一个充满着数据的互联网世界，充斥着大量的数据。数据类型有很多，比如出行记录、消费记录、浏览的网页、发送的消息等。除此之外，图像、音乐、声音也都是数据。对数据进行有效管理是我们必须解决的问题。随着计算机技术的发展，能够统一管理和共享数据的数据库管理系统应运而生，数据管理技术进入数据库系统时代。学习并使用数据库技术，已经是现代化工作和学习中一个重要的内容。

本书以 MySQL 数据库管理系统为载体，详细介绍了数据库应用技术的相关理论和知识，并通过实例操作进行巩固和提高。本书采用项目化案例来组织教学内容，将数据库相关知识通过十个项目分解到不同的案例中。本书在内容编排上具有以下特点：

（1）内容组织图文并茂、循序渐进。本书内容翔实、语言简洁流畅、通俗易懂，注意实用性，提供了丰富的操作示例。所选案例密切结合实际，内容由浅入深、循序渐进，方便教师教学和学生自学。

（2）在案例选择上，选用与学习、生活密切相关的实际问题，从真正意义上实现案例教学。因为案例贴近学生实际，学生能够从实际经验出发，学习探索解决问题的方法，契合高职院校的培养目标。

（3）注重学习的连贯性和渐进性。项目之间内容连续，并且层层递进。通过"学一学""想一想""练一练"等环节，有效实现深度与广度的拓展、能力与思维的提升。

（4）理论结合实践，激发学习兴趣。本书将数据库理论知识和数据库应用有机结合，每一章节均在理论的基础上辅以相应的应用实例进行介绍。通过实际案例，让学生更直观地理解和掌握相关理论知识的含义和重点，降低了学习难度，也使学习过程不会过于枯燥，能较好激发学习兴趣。

本书的编写既注重知识的深度和广度，也兼顾了能力的提升和拓展，在学习和教学中，可按需取舍。对于计算机应用、软件技术等专业学生来说，可重点学习项目一到项目七以及项目九的数据库操作应用部分的内容，而对于大数据、信息安全等专业，可补充学习项目八和项目十有关数据库安全和管理方面的内容。以 48 学时教学为例，建议学时分配如下：

本书是嘉兴职业技术学院软件技术教研室的全体老师共同心血的结晶，由赵强主编并负责统稿，蓝建平、吴昱昊为副主编。本书的编写也得到了嘉兴东臣信息科技有限公司任科、张东旭等人的支持和帮助，在内容选择和案例设计等方面都有深度参与，在此表示感谢！本书配有微课视频、源代码、演示文稿等丰富的数字化教学资源，可通过扫描书中的二维码获取。

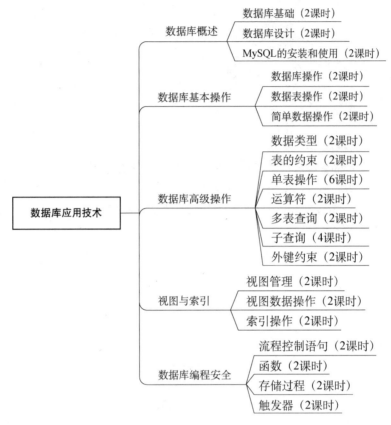

由于编者水平所限，以及数据库技术的迅速发展，各种相关软件不断升级更新，书中不足和疏漏之处在所难免，敬请广大读者批评指正，并提出宝贵意见，编者邮箱：397427983@qq.com，在此表示衷心感谢！

编者

目　　录

项目一　数据库设计 ··· 1

    任务一　认识数据库 ··· 1

    任务二　设计数据库 ··· 6

    习题 ··· 12

项目二　MySQL 的安装与启动 ·· 14

    任务一　安装 MySQL ·· 14

    任务二　MySQL 的启动和配置 ··· 26

    任务三　MySQL 图形化管理工具 ··· 32

    习题 ··· 38

项目三　数据库的基本操作 ··· 39

    任务一　创建数据库 ··· 39

    任务二　创建数据表 ··· 44

    任务三　管理数据表 ··· 51

    任务四　表数据操作 ··· 57

    习题 ··· 63

项目四　数据查询 ··· 66

    任务一　简单数据查询 ··· 66

    任务二　高级数据查询 ··· 82

    任务三　应用视图 ··· 90

    习题 ·· 100

项目五　优化数据库 ·· 103

    任务一　应用索引 ·· 103

    任务二　实现数据完整性 ·· 110

    习题 ·· 120

项目六　MySQL 存储过程 ··· 122

    任务一　MySQL 存储过程 ·· 122

    任务二　条件语句 ·· 130

    任务三　循环 ·· 138

　　任务四　游标 ·· 144

　　习题 ·· 148

项目七　MySQL 触发器与函数 ·· **151**

　　任务一　触发器 ·· 151

　　任务二　系统函数 ·· 157

　　任务三　自定义函数 ··· 168

　　习题 ·· 171

项目八　事务和锁 ··· **172**

　　任务　事务和锁的应用 ·· 172

　　习题 ·· 183

项目九　MySQL 备份和恢复 ··· **184**

　　任务一　数据库的备份和恢复 ·· 184

　　任务二　数据库其他操作 ··· 198

　　习题 ·· 211

项目十　数据库安全管理 ·· **212**

　　任务一　数据库的账户权限管理 ··· 212

　　任务二　数据库的表维护 ··· 231

　　习题 ·· 237

项目一　数据库设计

【学习目标】

- 了解数据库技术发展过程。
- 掌握数据库的基本概念。
- 掌握数据库需求分析的方法，能确定功能目标。
- 掌握数据库概念结构设计，能绘制 E-R 图。
- 掌握数据库逻辑结构设计，能将 E-R 图转化为逻辑结构。

【项目描述】

在互联网时代，管理信息化已经成为必然。目前，基本上所有的学校在学生信息管理上都会使用学生信息管理系统。通过学生信息管理系统，能够方便地进行学生信息的录入、修改、查找等操作，并能根据学校具体的需求进行一些其他的管理。而构建学生信息管理系统，首先要解决的就是对学生信息进行有效采集和存储，因而必须要合理地设计和构建相应的数据库。

本项目将针对学生信息管理系统，结合实际需求，进行数据库的设计。通过设计"学生成绩管理数据库"介绍数据库技术发展历程，讲解数据库相关概念、数据库设计基本思路和方法，最终能够进行数据库设计需求分析、绘制 E-R 图，构建数据库。

任务一　认识数据库

任务提出

学生信息管理系统的设计开发是建立在数据库管理系统之上的，而数据库是数据库管理系统的实际操作对象。设计开发学生信息管理系统首先要做的就是设计出合理有效的数据库，因此我们就必须要认识和了解数据库。

任务分析

数据库技术并非是和计算机同时出现的。在计算机问世的早期阶段，由于计算机的功能和应用面有限，数据的处理量并不大，所以并不具备产生数据库技术的条件。进入 20 世纪 60 年代，计算机的功能越来越强，应用面也越来越广，数据处理量急剧上升，数据的流动和共享也更频繁，原有的数据管理方式已经大大制约了计算机的发展和应用，数据库技术应运而生。

相关知识

1. 数据与信息

1）信息

信息是客观存在的，是人类主观对客观现实事物存在方式、状态以及事物间联系的抽象。

信息是可存储的。人类使用大脑存储信息，而信息设备则通过计算机存储器、录音、录像等技术来存储信息的。借助计算机可对信息设备中的信息进行整理。

2）数据

数据是记录信息的可识别的符号组合，是信息的具体表现形式。数据和它的语义是不可分割的，只有结合特定的语义，数据才能够传递信息。

2. 数据处理与数据管理

数据处理是将数据转换为信息的过程，包括数据的收集、管理、加工利用以及信息输出的演变计算等一系列活动。在数据处理过程中，计算对计算机来讲是比较简单的，而数据管理则要复杂得多。

数据管理包括数据的收集、分类、组织、编码、存储、维护、检索和传输等操作，这些操作是数据处理业务的基本环节。可以说，数据处理的核心问题就是数据管理。

3. 数据库技术的诞生和发展

随着计算机技术的发展，数据管理技术经历了人工管理、文件系统和数据库系统三个发展阶段。

早期计算机的功能简单，主要用于科学计算。当时的计算机没有磁盘之类的可以直接存取的外部设备，数据管理非常简单，通过机器运行数百万穿孔卡片来进行数据的处理。数据管理就是以人工方式对这些穿孔卡片进行物理的储存和处理。

20 世纪 50 年代后期到 60 年代中期，数据管理系统是把计算机中的数据组织成相互独立的数据文件，系统可以按照文件的名称对其进行访问，对文件中的记录进行存取，并可以实现对文件的修改、插入和删除。这就是文件系统。

20 世纪 60 年代后期到 70 年代初，计算机开始广泛地应用于数据管理，对数据共享提出了更高的要求，传统的文件系统已经不能满足人们的需要。能够统一管理和共享数据的数据库管理系统应运而生，数据管理技术进入数据库系统时代。

4. 数据模型

数据模型是数据库技术的核心和基础，各种数据库管理系统软件都是基于某种数据模型的。常见的数据模型有三种：层次模型、网状模型和关系模型。

1）层次模型

层次模型是最早用于商品数据库管理系统的数据模型。它以树状层次结构组织数据。在树中，每个节点表示一个记录类型，节点间的连线或边表示记录类型间的关系，记录之间的联系是一对多的，每个记录类型可包含若干

配套教学动画

个字段，记录类型描述的是实体，字段描述实体的属性，各个记录类型及其字段都必须命名。如果要存取某一记录型的记录，可以从根节点起，按照有向数层次向下查表。位于树形结构顶部的节点称为根节点，层次模型有且仅有一个根节点。根节点以外的其他节点有且仅有一个父节点。图 1-1 所示为按层次模型组织的数据示例。

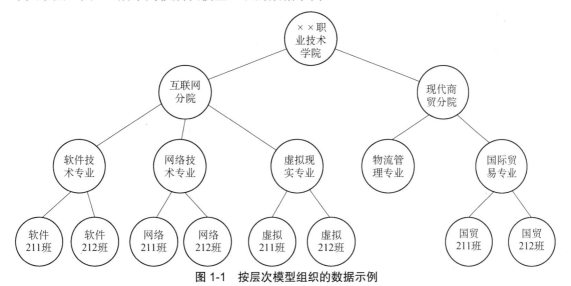

图 1-1 按层次模型组织的数据示例

层次模型的优点主要有：

（1）层次模型的数据结构比较简单。

（2）层次数据模型有良好的完整性支持。

（3）层次数据库查询效率高。

层次模型的缺点主要有：

（1）不能直接表示两个以上的实体型间的复杂的联系和实体型间的多对多联系。

（2）对数据的插入和删除的操作限制太多。

（3）树节点中任何记录的属性只能是不可再分的简单数据类型。

2）网状模型

网状模型可以看作是层次模型的一种扩展。网状模型取消了层次模型的不能表示非树状结构的限制，两个或两个以上的节点都可以有多个双亲节点。每个节点表示一个记录类型，记录之间的联系是一对多的，一个节点可以有一个或多个父节点和子节点。数据库中的所有数据节点构成一个复杂的网络。图 1-2 所示为按网状模型组织的数据示例。

配套教学动画

网状模型的优点是：可表示实体间的多种复杂联系；存取效率较高。

网状模型的缺点是：结构比较复杂，不利于最终用户掌握；数据独立性差。

3）关系模型

关系模型是指用二维表的形式表示实体和实体间联系的数据模型。从用户观点看，关系模型是由一组关系组成的，关系之间通过公共属性产生联系。每个关系的数据结构是一个规范化的二维表，所以一个关系数据库就是由若干个表组成的。图 1-3 所示为按关系模型组织的数据示例。

配套教学动画

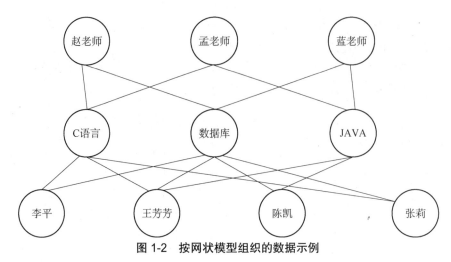

图 1-2　按网状模型组织的数据示例

学号	姓名	性别	出生时间	专业	总学分
170101	张立高	男	1999-7-10	软件	50
170302	李玉婷	女	1998-12-4	网络	51

图 1-3　按关系模型组织的数据示例

关系模型的优点如下：

（1）数据结构单一。在关系模型中，不管是实体还是实体之间的联系，都用关系来表示，而关系都对应一张二维数据表，数据结构简单、清晰。

（2）关系规范化，并建立在严格的理论基础上。构成关系的基本规范要求关系中每个属性不可再分割，同时关系建立在具有坚实的理论基础的严格数学概念基础上。

（3）概念简单，操作方便。关系模型最大的优点就是简单，用户容易理解和掌握，一个关系就是一张二维表格，用户只需用简单的查询语言就能对数据库进行操作。

 任务实施

1. 数据库（Database，DB）

配套教学视频

数据库是将数据按照数据结构组织、存储在计算机存储设备上，并进行管理的数据集合。通俗地说，数据库就是存放数据的仓库。这些数据存在一定的关联，并按一定的格式存放在计算机上。这里的数据是广义上的数据，不仅包含数字，还包括文本、图像、音频、视频等。

2. 数据库管理系统（Database Management System，DBMS）

数据库管理系统是一种用于建立、使用和维护数据库的大型软件。它对数据库进行统一的管理和控制，以保证数据库的安全性和完整性。用户通过 DBMS 访问数据库中的数据，数据库管理员也通过 DBMS 进行数据库的维护工作。

3. 数据库系统（Database System，DBS）

数据库系统是由数据库管理系统、应用程序系统、用户组成的，具体包括数据库、数据库管理系统、数据库管理员、硬件平台、软件平台、应用程序等。其构成如图 1-4 所示。

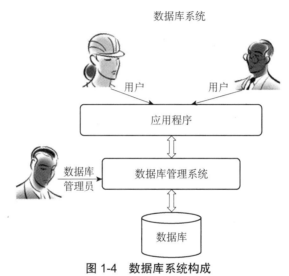

图 1-4　数据库系统构成

4. 数据库应用系统（Database Application System，DBAS）

数据库应用系统是在数据库管理系统支持下建立的计算机应用系统，可以分为客户-服务器（C/S）模式应用系统和浏览器-服务器（B/S）模式应用系统。

1）客户-服务器（C/S）模式应用系统

在客户-服务器（C/S）模式下，每一个客户端都需要安装应用程序，用户通过应用程序与数据库服务器打交道。

客户-服务器（C/S）的优点是：

（1）充分发挥客户端 PC 的处理能力，很多工作可以在客户端处理之后再提交给服务器。

（2）将应用程序与服务器分离，系统具有稳定性和灵活性。

（3）适合于局域网，安全性高。

客户-服务器（C/S）的缺点是：

（1）只适用于局域网。

（2）客户端需要安装专门的客户端，软件维护和升级成本非常高。

（3）客户端软件对操作系统有限制。

2）浏览器-服务器（B/S）模式应用系统

在浏览器-服务器（B/S）模式下，应用程序安装在 Web 服务器，用户界面通过浏览器实现。用户通过浏览器与 Web 服务器打交道，提交请求和获取结果。Web 服务器中的应用程序则与数据库服务器打交道，从数据库中查询需要的数据并返回给 Web 服务器。

浏览器-服务器（B/S）的优点是：

（1）维护、升级简单，只要对服务器操作即可，客户端不需要修改。

（2）开放性、可扩展性好。

浏览器-服务器（B/S）的缺点是：

（1）安全性较弱。

（2）响应速度受很多因素的影响。

想一想

比较数据库系统和数据库管理系统。

任务二　设计数据库

 任务提出

构建数据库是数据库管理的基础。但一个合理有效的数据库并不是简单汇集数据就可以实现的，需要根据需求以及数据关联进行合理设计。开发学生信息管理系统，首先要设计合理的学生信息数据库。

 任务分析

数据库设计（Database Design）是指对于一个给定的应用环境，构造最优的数据库模式，建立数据库及其应用系统，使之能够有效地存储数据，满足各种用户的应用需求（信息要求和处理要求）。数据库设计的设计内容包括数据库需求分析、概念结构设计、逻辑结构设计、物理结构设计、数据库的实施、数据库的运行和维护。本任务介绍前面几项内容。

 相关知识

1. 数据库需求分析

数据库需求分析是在用户调查的基础上，通过分析逐步明确用户对系统的需求，包括数据需求和围绕这些数据的业务处理需求。

配套教学视频

通过数据库需求分析，获得用户对数据库的如下要求：

（1）信息要求。指用户需要从数据库中获得信息的内容与性质。由信息要求可以导出数据要求，即在数据库中需要存储哪些数据。

（2）处理要求。指用户要求完成的数据处理功能，对处理性能的要求。

（3）安全性与完整性要求。

调查用户需求的具体步骤包括：

（1）调查组织机构情况。

（2）调查各部门的业务活动情况。

（3）在熟悉业务活动的基础上，协助用户明确对新系统的各种要求，包括信息要求、处理要求、安全性与完整性要求。

（4）确定新系统的边界。对前面的调查结果进行初步分析，确定哪些功能由计算机完成或将来准备让计算机完成，哪些活动由人工完成。由计算机完成的功能就是新系统应该实现的功能。

2. 概念结构设计

概念结构设计是指对用户要求描述的现实世界（可能是一个工厂、一个商场或者一个学校等），通过对其中诸处的分类、聚集和概括，建立抽象的概念数据模型。这个概念模型应反映现实世界各部门的信息结构、信息流动情况、信息间的互相制约关系以及各部门对信息储存、查询和加工的要求等。

概念结构设计的任务是在需求分析阶段产生的需求说明书的基础上，按照特定的方法把它们抽象为一个不依赖于任何具体机器的数据模型，即概念模型。概念模型使设计者的注意力能够从复杂的实现细节中解脱出来，而只集中在最重要的信息的组织结构和处理模式上。概念模型应避开数据库在计算机上的具体实现细节，用一种抽象的形式表示出来，通常采用 E-R 图。因此下面介绍 E-R 图构建。

E-R 图也称实体-联系图（Entity Relationship Diagram），它提供了表示实体类型、属性和联系的方法，用来描述现实世界的概念模型。E-R 图构建规则如下：

（1）实体集采用矩形框表示，框内为实体名。

（2）实体的属性采用椭圆框表示，框内为属性名，对于主属性名，则在其名称下画一道线。

（3）实体间的联系采用菱形框表示，联系以适当的含义命名，名字写在菱形框中。

（4）实体与属性之间、实体与联系之间、联系与属性之间用直线相连，并在直线上标注联系的类型。对于一对一联系，要在两个实体连线方向各写"1"；对于一对多联系，要在一的一方写"1"，多的一方写"N"；对于多对多关系，则要在两个实体连线方向各写"N，M"。

1）一对一的联系（1∶1）

对于两个实体集 A 和 B，若 A 中的每一个值在 B 中至多有一个实体值与之对应，反之亦然，则称实体集 A 和 B 具有一对一的联系。

例如，"班级"与"班主任"这两个实体集之间的联系就是一对一的联系。一个班只有一个班主任，反之，一个班主任只属于一个班级。"班级"与"班主任"两个实体集的 E-R 图如图 1-5 所示。

2）一对多的联系（1∶N）

对于两个实体集 A 和 B，若 A 中的每一个值在 B 中有多个实体值与之对应，反之 B 中每一个实体值在 A 中至多有一个实体值与之对应，则称实体集 A 和 B 具有一对多的联系。

例如，"班级"与"学生"之间存在一对多的联系。每个班级可以有多个学生，但是每个学生只能属于一个班级。"班级"与"学生"两个实体集的 E-R 模型如图 1-6 所示。

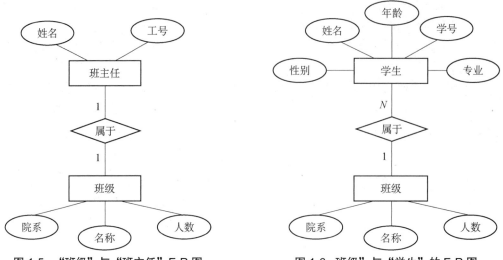

图 1-5 "班级"与"班主任"E-R 图   图 1-6 班级"与"学生"的 E-R 图

3）多对多的联系（$M：N$）

对于两个实体集 A 和 B，若 A 中每一个实体值在 B 中有多个实体值与之对应，反之亦然，则称实体集 A 与实体集 B 具有多对多联系。

例如，"学生"与"课程"间的联系是多对多的联系。一个学生可以学多门课程，而每门课程可以有多个学生来学。"学生"与"课程"两个实体集的 E-R 模型如图 1-7 所示。

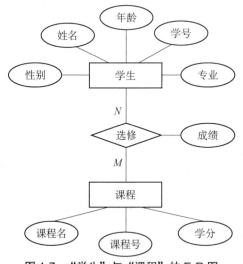

图 1-7 "学生"与"课程"的 E-R 图

注意：

联系也可能有属性。例如，学生"选修"某门课程所取得的成绩，既不是学生的属性也不是课程的属性。由于"成绩"既依赖于某名特定的学生又依赖于某门特定的课程，所以它是学生与课程之间的联系"选修"的属性。

3. 逻辑结构设计

逻辑结构设计是将概念结构设计阶段完成的概念模型，转换成能被选定的数据库管理系统（DBMS）支持的数据模型。这里主要将 E-R 模型转换为关系模型。

1）（1∶1）联系的 E-R 图到关系模式的转换

方法一：除实体集有对应的关系模式外，联系也单独对应一个关系模式。该关系模式由联系属性、参与联系的各实体集的主码属性构成关系模式，其主码可选参与联系的实体集的任一方的主码。

例如，图 1-5 描述的"班级（bj）"与"班主任（bzr）"实体集通过"属于（con）"联系的 E-R 模型可设计如下关系模式：

```
bj（班级名称，院系，人数）
bzr（工号，姓名）
con（工号，班级名称）
```

方法二：仅实体集有对应的关系模式，联系不单独对应一个关系模式，联系的属性及一方的主码加入另一方实体集对应的关系模式中。

例如，图 1-5 的 E-R 模型可设计如下关系模式：

```
bj（班级名称，院系，人数，工号）
bzr（工号，姓名）
```

或者

```
bj（班级名称，院系，人数）
bzr（工号，姓名，班级名称）
```

2）（1∶N）联系的 E-R 图到关系模式的转换

方法一：除实体集有对应的关系模式外，联系也单独对应一个关系模式。该关系模式由联系属性、参与联系的各实体集的主码属性构成关系模式，但必须以 N 端的主码作为该关系模式的主码。

例如，图 1-6 描述的"班级（bj）"与"学生（xs）"实体集的 E-R 模型可设计如下关系模式：

```
bj（班级名称，院系，人数）
xs（学号，姓名，性别，年龄，专业）
con（学号，班级名称）
```

方法二：仅实体集有对应的关系模式，联系不单独对应一个关系模式，则将联系的属性及 1 端的主码加入 N 端实体集对应的关系模式中，主码仍为 N 端的主码。

例如，图 1-6 描述的"班级（bj）"与"学生（xs）"实体集的 E-R 模型可设计如下关系模式：

```
bj（班级名称，院系，人数）
xs（学号，姓名，性别，年龄，专业，班级名称）
```

3）（M∶N）联系的 E-R 图到关系模式的转换

除实体集有对应的关系模式外，联系必须单独对应一个关系模式。该关系模式由联系属性、参与联系的各实体集的主码属性构成关系模式，以两端主码的组合作为该关系模式的主码。

例如，图 1-7 描述的"课程（bj）"与"学生（xs）"实体集的 E-R 模型可设计如下关系模式：

```
kc（课程号，课程名，学分）
xs（学号，姓名，性别，年龄，专业）
xs（学号，课程号，成绩）
```

4．物理结构设计

根据特定数据库管理系统所提供的多种存储结构和存取方法等依赖于具体计算机结构的各项物理设计措施，对具体的应用任务选定最合适的物理存储结构（包括文件类型、索引结构和数据的存放次序与位逻辑等）、存取方法和存取路径等。

数据库在物理设备上的存储结构与存取方法称为数据库的物理结构。数据库的物理结构设计通常分为 2 步：

（1）确定数据库的物理结构，在关系数据库中主要指存取方法和存储结构。

（2）对物理结构进行评价，评价的重点是时间和空间效率。

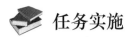 任务实施

1．数据库需求分析

学生成绩管理是学生信息管理的重要部分，也是学校教学工作的重要组成部分。学生成绩管理系统的开发能大大减轻教务管理人员和教师的工作量，同时能使学生及时了解选修课程成绩。该系统主要包括学生信息管理、课程信息管理、成绩管理等，具体功能如下：

（1）完成数据的录入和修改，并提交数据库保存。其中的数据包括班级信息、学生信息、课程信息、学生成绩等。

班级信息包括班级编号、班级名称、学生所在的学院名称、专业名称、入学年份等。学生信息包括学生的学号、姓名、性别、出生年月等。课程信息包括课程编号、课程名称、课程的学分、课程学时等。各课程成绩包括各门课程的平时成绩、期末成绩、总评成绩等。

（2）实现基本信息的查询。包括班级信息的查询、学生信息的查询、课程信息的查询和成绩的查询等。

（3）实现信息的查询统计。主要包括各班学生信息的统计、学生选修课程情况的统计、开设课程的统计、各课程成绩的统计、学生成绩的统计等。

2．概念结构设计

根据实体特性以及数据库需求分析结果，学生成绩管理系统的概念结构设计可以表现为如图 1-8 所示 E-R 图。

3．逻辑结构设计

1）E-R 图转换为关系模式

班级（班级编号，班级名称，所在学院，所属专业，入学年份）

学生（学号，姓名，性别，出生年月，班级编号）

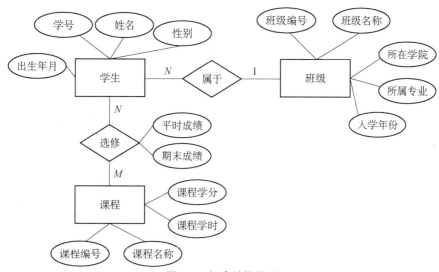

图 1-8 概念结构结果

课程（课程编号，课程名称，课程学分，课程学时）

成绩（学号，课程编号，平时成绩，期末成绩）

2）根据命名规范确定表名和属性名

class（ClsNo，ClsName，College，Specialty，EnterYear）

student（Sno，Sname，Sex，Birth，ClsNo）

course（Cno，Cname，Credit，CHour）

score（Sno，Cno，Uscore，Endscore）

3）关系模式详细设计（表 1-1～表 1-4）

表 1-1 class（ClsNo，ClsName，College，Specialty，EnterYear）

字段名	字段说明	数据类型	长度	是否允许为空	约束
ClsNo	班级编号	char	7	否	主键
ClsName	班级名称	varchar	30	否	
College	所在学院	varchar	30	否	
Specialty	所属专业	varchar	30	否	
EnterYear	入学年份	int	系统自定义	是	

表 1-2 student（Sno，Sname，Sex，Birth，ClsNo）

字段名	字段说明	数据类型	长度	是否允许为空	约束
Sno	学号	char	9	否	主键
Sname	姓名	varchar	10	否	
Sex	性别	bit	系统自定义	否	
Birth	出生年月	date	系统自定义	是	
ClsNo	班级编号	char	7	否	外键，参照 Class 表的 ClsNo

表 1-3　course（Cno，Cname，Credit，CHour）

字段名	字段说明	数据类型	长度	是否允许为空	约束
Cno	课程编号	char	5	否	主键
Cname	课程名称	varchar	30	否	
Credit	课程学分	numeric（4，1）	系统自定义	是	值大于 0
CHour	课程学时	int	系统自定义	是	值大于 0

表 1-4　score（Sno，Cno，Uscore，Endscore）

字段名	字段说明	数据类型	长度	是否允许为空	约束
Sno	学号	char	9	否	主属性，参照 Student 表的 Sno
Cno	课程编号	char	5	否	主属性，参照 Course 表的 Cno
Uscore	平时成绩	numeric（5，1）	系统自定义	是	值在 0～100
Endscore	期末成绩	numeric（5，1）	系统自定义	是	值在 0～100

练一练

请根据下面的数据库需求分析，对学生住宿管理系统进行数据库设计。

学生住宿管理系统主要包括学生信息管理、宿舍管理、学生入住管理、宿舍卫生管理等，具体功能如下：

（1）完成数据的录入和修改，并提交数据库保存。其中的数据包括班级信息、学生信息、宿舍信息、入住信息、卫生检查信息等。

配套解答

班级信息包括班级编号、班级名称、学生所在的学院名称、专业名称、入学年份等。学生信息包括学生的学号、姓名、性别、出生年月等。宿舍信息包括宿舍所在的楼栋、所在楼层、房间号、总床位数、宿舍类别、宿舍电话等。入住信息包括入住的宿舍、床位、入住日期、离开宿舍时间等。卫生检查信息包括检查的宿舍、检查时间、检查人员、检查成绩、存在的问题等。

（2）实现基本信息的查询。包括班级信息的查询、学生信息的查询、宿舍信息的查询、入住信息的查询和宿舍卫生情况等。

（3）实现信息的查询统计。主要包括各班学生信息的统计、学生住宿情况的统计、各班宿舍情况统计、宿舍入住情况统计、宿舍卫生情况统计等。

习　　题

一、选择题

1. 数据独立性最高的应用是基于（　　）的。

A. 文件系统　　　　B. 层次模型　　　　C. 网状模型　　　　D. 关系模型

2. 目前三种基本的数据模型有（　　　）。

A. 层次模型、网状模型、关系模型　　　　B. 对象模型、网状模型、关系模型

C. 网状模型、对象模型、层次模型　　　　D. 层次模型、关系模型、对象模型

3. 在关系数据模型的三个组成部分中，不包括（　　　）。

A. 数据完整性　　　　B. 数据结构　　　　C. 数据操作　　　　D. 并发控制

4. 在下面列出的数据模型中，哪一种是数据库系统中最早出现的数据模型？（　　　）

A. 关系模式　　　　B. 层次模型　　　　C. 网状模型　　　　D. 面向对象模型

5. 关系数据模型的三个要素是（　　　）。

A. 关系数据结构、关系操作集合和关系规范化理论

B. 关系数据结构、关系规范化理论和关系完整性的约束

C. 关系规范化理论、关系操作集合和关系完整性约束

D. 关系数据结构、关系操作集合和关系完整性约束

6. E-R 模型用于数据库设计的哪一个阶段？（　　　）

A. 数据库需求分析　　　　　　　　　　B. 概念结构设计

C. 逻辑结构设计　　　　　　　　　　　D. 物理结构设计

7. （　　　）是长期存储在计算机内有序的、可共享的数据集合。

A. DATA　　　　B. INFORMATION　　　　C. DB　　　　D. DBS

8. 文字、图形、图像、声音、学生的档案记录、货物的运输情况等，这些都是（　　　）。

A. DATA　　　　　　　　　　　　　　B. INFORMATION

C. DB　　　　　　　　　　　　　　　D. 其他

9. （　　　）是数据库系统的核心组成部分，它的主要用途是利用计算机有效地组织数据、存储数据、获取和管理数据。

A. 数据库　　　　　　　　　　　　　　B. 数据

C. 数据库管理系统　　　　　　　　　　D. 数据库管理员

10. 在数据管理技术的发展过程中，经历了人工管理阶段、文件系统阶段和数据库系统阶段，在这几个阶段中，数据独立性最高的是（　　　）阶段。

A. 人工管理　　　　B. 文件系统　　　　C. 数据库系统　　　　D. 数据项管理

二、简答题

1. 什么是数据、数据库、数据库管理系统、数据库系统？

2. 关系型数据模型的主要特征是什么？有何优点？

3. 列举自己身边的某个关系模型，并用 E-R 图描述。

项目二　MySQL 的安装与启动

【学习目标】

- 熟悉 MySQL，了解发展过程和趋势。
- 掌握 MySQL 的安装方法。
- 掌握 MySQL 的启动和登录方法。
- 掌握 MySQL 的基本配置。
- 了解 MySQL 图形化管理工具。
- 掌握 Navicat 的安装与使用。

【项目描述】

通过数据库设计能确定数据库的结构，但最终需要借助某种数据库管理系统来创建和管理数据库。

本项目将在上一个项目的基础上介绍 MySQL 的安装与使用，包括 MySQL 的发展历史、Windows 环境下安装 MySQL 的步骤、MySQL 的启动和登录、MySQL 的基本配置、常见的 MySQL 图形化管理工具以及 Navicat for MySQL 的安装与使用。

任务一　安装 MySQL

任务提出

数据库的维护管理必须通过数据库管理系统（DBMS）来实现。要想创建数据库来存储数据、管理数据，必须先安装相应的数据库管理系统软件。

任务分析

经过数十年的发展，数据库技术日益完善，并且不断推陈出新，相关的软件也在不断更新迭代。目前，数据库管理系统软件版本众多，但经过市场的选择和淘汰，主要集中在 Oracle 和 Microsoft 这两家公司的产品。本书中选用的是 Oracle 公司拥有的 MySQL 数据库管理系统。这是一款免费开源的软件，体量小，操作简单方便。

本任务的具体要求如下：

- 认识数据库管理系统 MySQL。
- 掌握 MySQL 的安装方法。

 相关知识

1. 数据库管理系统 MySQL

MySQL 是目前最流行的关系型数据库管理系统之一，由瑞典 MySQL AB 公司开发，现在属于 Oracle 公司旗下产品。

MySQL 的历史可以追溯到 1979 年。当时，一个名为 Monty Widenius 的程序员用 BASIC 设计了一个可以在 4MHz 主频和 16KB 内存的计算机上运行的报表工具 Unireg。这是一个底层的且仅面向报表的存储引擎。1990 年，Monty Widenius 试图将 mSQL 的代码集成到自己的存储引擎中以提供 SQL 支持，但效果并不理想，于是决定自己重写一个 SQL 支持。1996 年，MySQL1.0 发布，其后不断升级，并逐步被移植到各个平台。

1999—2000 年，Monty Widenius 在瑞典成立了 MySQL AB 公司。随后，MySQL 公布了自己的源代码，并采用 GPL（GNU General Public License）许可协议，正式进入开源世界。2008 年 1 月，MySQL AB 公司被 Sun 公司以 10 亿美元收购。而 2009 年 4 月，Oracle 公司又以 74 亿美元收购了 Sun 公司，自此 MySQL 软件成为 Oracle 公司旗下的一员。

MySQL 使用 C 和 C++编写，并使用了多种编译器进行测试，保证了源代码的可移植性。它支持 AIX、FreeBSD、HP-UX、Linux、macOS、NovellNetware、OpenBSD、OS/2Wrap、Solaris、Windows 等多种操作系统，并为多种编程语言提供了 API。这些编程语言包括 C、C++、Python、Java、Perl、PHP、Eiffel、Ruby、.NET 和 Tcl 等。MySQL 支持多线程，能充分利用 CPU 资源，同时优化了 SQL 查询算法，有效地提高了查询速度。它既能够作为一个单独的应用程序应用在客户端服务器网络环境中，也能够作为一个库而嵌入其他的软件中。它还提供多语言支持，常见的编码如中文的 GB2312、BIG5，日文的 Shift_JIS 等都可以用作数据表名和数据列名。MySQL 提供 TCP/IP、ODBC 和 JDBC 等多种数据库连接途径，并提供用于管理、检查、优化数据库操作的管理工具。MySQL 支持大型的数据库，可以处理拥有上千万条记录的大型数据库，支持多种存储引擎。MySQL 是开源的，采用双授权政策，分为社区版和商业版两种类型，其中社区版用户可免费使用。MySQL 使用标准的 SQL 数据语言形式。MySQL 采用了 GPL 协议，可以定制，用户可以修改源码来开发自己的 MySQL 系统。

正是因为 MySQL 具有体积小、速度快、总体拥有成本低，尤其是源码开放等特点，所以目前一般中小型网站的开发，数据库软件都会选择 MySQL。

2. 其他常用数据库管理系统

1）Oracle

Oracle Database，又名 Oracle RDBMS，通常简称为 Oracle，是甲骨文公司的一款关系型数据库管理系统。Oracle 数据库软件是世界上使用最为广泛的数据库管理系统，作为一个通用的数据库管理系统，它具有完整的数据管理功能。而 Oracle 数据库作为一个关系数据库，是一个完备关系的产品；作为分布式数据库它实现了分布式处理功能。Oracle 数据库软件的主要特性为：

（1）处理速度快。

（2）安全级别高。支持快闪以及完美的恢复功能，即使硬件坏了也可以恢复到故障发生前一秒。

（3）几台数据库做负载数据库，可以做到 30s 以内故障转移。

（4）在网格控制，以及数据仓库方面也非常强大。

2）SQL Server

SQL Server 是由 Microsoft 开发和推广的关系数据库管理系统，它最初是由 Microsoft、Sybase 和 Ashton-Tate 三家公司共同开发的，并于 1988 年推出了第一个 OS/2 版本。Microsoft SQL Server 近年来不断更新版本，1996 年，Microsoft 推出了 SQL Server 6.5 版本；1998 年，SQL Server 7.0 版本和用户见面；目前最新版本是 2019 年推出的 SQL Server 2019。

SQL Server 的特点是：

（1）真正的客户机/服务器体系结构。

（2）图形化用户界面，使系统管理和数据库管理更加直观、简单。

（3）丰富的编程接口工具，为用户进行程序设计提供了更大的选择余地。

（4）SQL Server 与 Windows NT 完全集成，利用了 NT 的许多功能，如发送和接收消息，管理登录安全性等。SQL Server 也可以很好地与 Microsoft BackOffice 产品集成。

（5）具有很好的伸缩性，可跨越从运行 Windows 95/98 的小型 PC 到运行 Windows 2000 的大型多处理器等多种平台使用。

（6）对 Web 技术的支持，使用户能够很容易地将数据库中的数据发布到 Web 页面上。

（7）SQL Server 提供数据仓库功能，这个功能只在 Oracle 和其他更昂贵的 DBMS 中才有。

3）Access

Access 数据库是微软发布的另一款数据库管理软件，Access 的全称是 Microsoft Office Access，是微软比较有代表性的一款数据库管理软件，其优势为：

（1）存储方式单一，便于用户的操作和管理。

（2）界面友好、易操作。Access 是一个可视化工具，风格与 Windows 完全一样，用户想要生成对象并应用，只要使用鼠标进行拖放即可，非常直观方便。

（3）集成环境、处理多种数据信息。

（4）Access 支持 ODBC。

 任务实施

配套教学视频

在 Windows 环境下安装 MySQL，需要 32 位或 64 位 Windows 操作系统，例如，Windows 7、Windows 8、Windows 10、Windows Server 2008、Windows Server 2012 等。

Windows 环境下安装 MySQL 有两种方式：使用 MySQL 二进制分发版（.msi 安装文件）或者使用免安装版（.zip 压缩文件）。通常建议使用二进制分发版，因为该版本比分发版使用起来相对简单。

Windows 安装 MySQL 后将会作为数据库服务器来运行 MySQL 服务，所以在安装时需要具有系统的管理员权限。

1. 获取 MySQL 安装文件

打开网页浏览器，在地址栏中输入 https://dev.mysql.com/，在页面依次单击以下链接：

DOWNLOAD→MySQL Community(GPL)Downloads→MySQL Community Server→Go to Download Page（见图 2-1～图 2-4），或者直接在地址栏中输入"https://dev.mysql.com/downloads/windows/installer/"打开 MySQL 的下载页面。

图 2-1　MySQL 软件下载页面（a）

图 2-2　MySQL 软件下载页面（b）

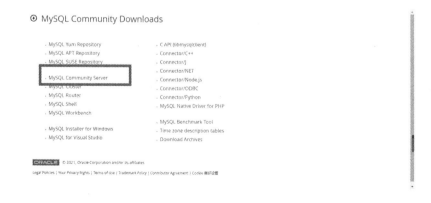

图 2-3　MySQL 软件下载页面（c）

图 2-4　MySQL 软件下载页面（d）

　　页面中显示的是当前 Windows 环境下的最新 MySQL 软件版本的安装包 MySQL Installer 8.0.27。单击"mysql-installer-community-8.0.27.1.msi"文件后的"Download"按钮（见图 2-5），将会进入开始下载页面。单击页面中的"No thanks，just start my download."链接（见图 2-6），选择不登录下载，即可开始下载安装包。

图 2-5　MySQL 软件下载页面（e）

图 2-6　MySQL 软件下载页面（f）

注意：

图 2-5 中有两个可供下载的文件 mysql-installer-web-community-8.0.27.1.msi.ndf 和 mysql-installer-community-8.0.27.1.msi，前者为在线安装包，后者为离线安装包。如果网络环境好，也可直接下载在线安装包进行安装。

2. 安装 MySQL

双击运行下载好的 mysql-installer-community-8.0.27.1.msi，等待程序运行检查配置环境，如图 2-7 所示。

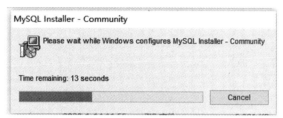

图 2-7　MySQL 安装 1

运行成功之后，进入类型选择页面，可根据需要选择不同安装模式，如图 2-8 所示。

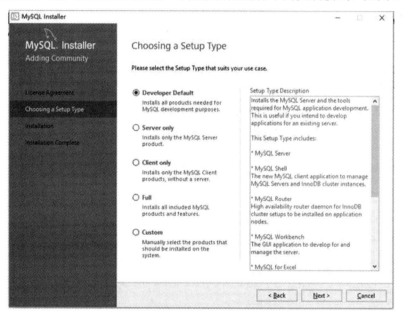

图 2-8　MySQL 安装 2

各模式选项含义如下：

Developer Default（开发者默认）：该模式将安装 MySQL 开发所需的所有产品。

Server only（仅服务器）：该模式只安装 MySQL 服务器产品。

Client only（仅客户端）：该模式只安装没有服务器的 MySQL 客户端产品。

full（完全）：该模式安装 MySQL 所有的产品和功能。

Custom（自定义）：该模式由用户自己选择要安装的产品。

这里我们选择 Custom（自定义）模式，根据需要选择要安装的模块。单击"Next"按钮，进入选择产品页面，如图 2-9 所示。

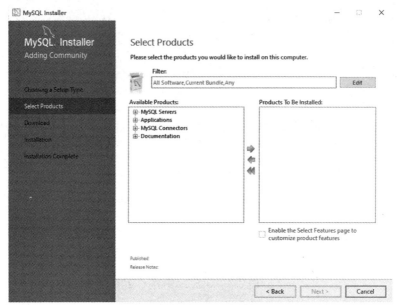

图 2-9　MySQL 安装 3

根据需要，在左边的列表框中展开各个产品列表，勾选需要的模块后，单击 按钮将模块导入右侧列表框中。

这里我们选择了 MySQL Server 8.0.27-X64、MySQL Shell 8.0.27-X64 和 Samples and Examples Servers 8.0.27-X64 三个模块，如图 2-10 所示。

单击"Next"按钮，进入安装程序进度页面，如图 2-11 所示。安装需要一些时间。单击"Show Details"按钮能看到安装细节。

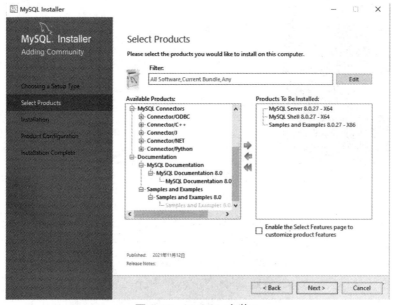

图 2-10　MySQL 安装 4

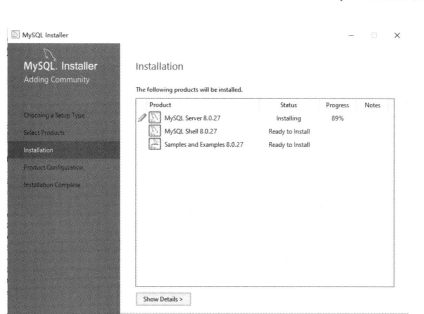

图 2-11　MySQL 安装 5

模块安装完成之后，单击"Next"按钮，进入产品配置页面，如图 2-12 所示。

在产品配置页面能看到需要配置的程序，单击"Next"按钮将逐一在配置向导的指导下完成配置工作，也可以随时单击"Cancel"按钮取消，而不必配置所有产品。

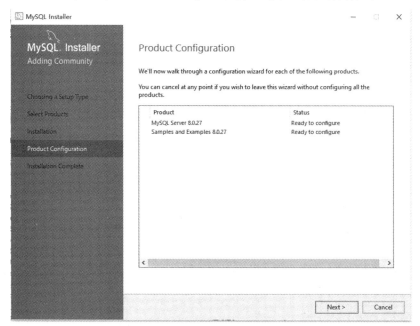

图 2-12　MySQL 安装 6

首先配置的是 MySQL Server 的类型和网络（Type and Networking），这里有三种 MySQL Server 类型（见图 2-13），我们选择第二种类型"Server Computer"，其余内容使用默认值，单击"Next"按钮。

接下来进入安全认证方式页面（见图 2-14）。这里有两种不同的方式，我们用默认推荐的强密码加密方式。继续单击"Next"按钮。

接下来进入账户和角色页面（见图 2-15）。这里主要是指定 root 用户密码。输入密码并重新输入确认之后，继续单击"Next"按钮。

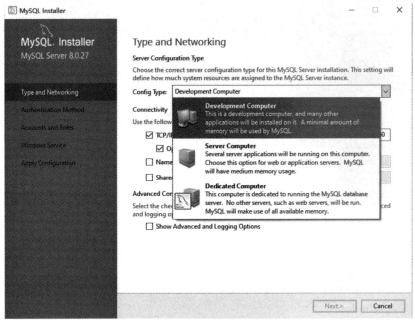

图 2-13　MySQL 安装 7

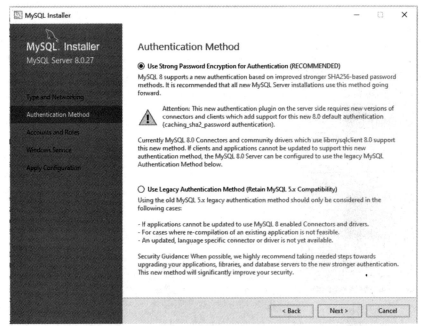

图 2-14　MySQL 安装 8

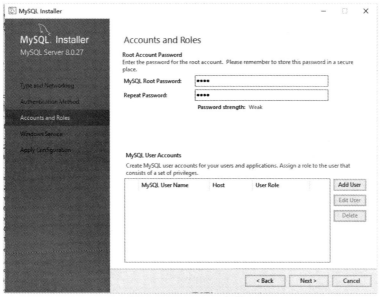

图 2-15　MySQL 安装 9

注意：

密码必须记牢，后面登录 MySQL 时要使用该密码。

接下来进入 Windows 服务页面（见图 2-16）。这里可以配置 MySQL 在 Windows 系统中的名字，以及是否选择开机启动 MySQL 服务等配置，完成后单击"Next"按钮。

接下来进入 MySQL 服务器的应用配置页面（Apply Configuration），单击"Execute"按钮进行安装配置，如图 2-17 所示。

配置安装完成后单击"Finish"按钮，安装程序又回到了产品配置页面（Product Configuration），此时会显示 MySQL 安装成功的信息（见图 2-18）。继续单击"Next"按钮。

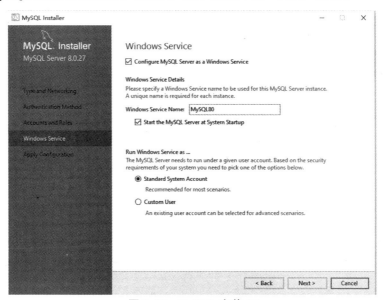

图 2-16　MySQL 安装 10

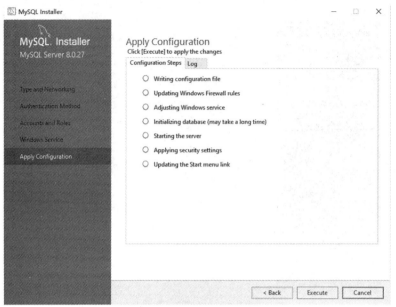

图 2-17 MySQL 安装 11

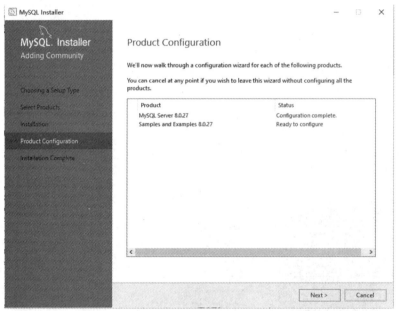

图 2-18 MySQL 安装 12

此时会进入连接服务器页面（Connect To Server），如图 2-19 所示。

在密码框中输入前面设定的密码后，单击"Check"按钮，测试连接。测试通过后，单击"Next"按钮，如图 2-20 所示。

接下来进入实例的应用配置页面（Apply Configuration），单击"Execute"按钮进行安装配置。

安装完成之后单击"Finish"按钮（见图 2-21）回到安装程序完成页面，如图 2-22 所示。单击"Finish"按钮结束安装。

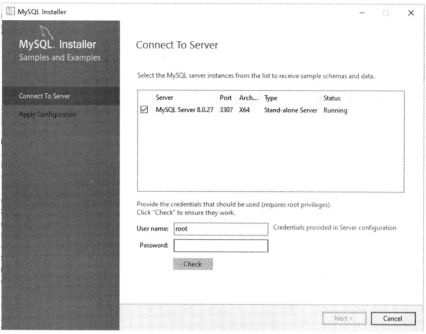

图 2-19　MySQL 安装 13

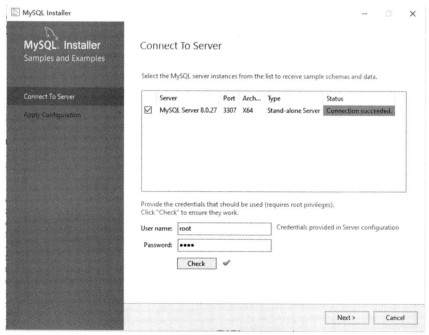

图 2-20　MySQL 安装 14

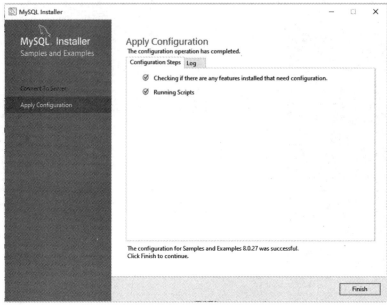

图 2-21　MySQL 安装 15

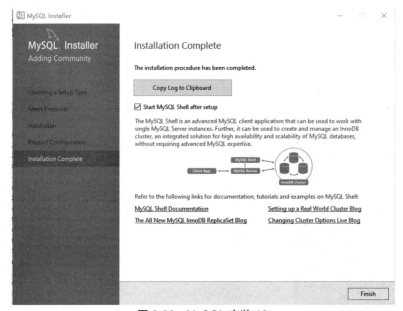

图 2-22　MySQL 安装 16

任务二　MySQL的启动和配置

 任务提出

MySQL 安装之后，并不能像其他软件那样通过双击软件图标来启动软件，必须经过一些

配置，使用相关命令才能启动。

 任务分析

计算机安装好 MySQL 软件之后，会以数据库服务器的方式来提供数据库服务。我们既可以直接从本地计算机直接登录，也可通过网络远程登录。在登录前，通常要通过配置文件对 MySQL 进行一些相关配置，然后再启动 MySQL 服务，最后使用相关命令，凭用户名和正确的密码进行登录。

本任务的具体要求如下：
- 了解 MySQL 服务的相关知识。
- 掌握 MySQL 的配置和启动方法。

 相关知识

1. 服务

服务是一种应用程序类型，在计算机的后台运行。服务应用程序可以在本地或者通过网络为用户提供某些功能，例如，Web 服务器、数据库服务器等基于服务器的应用程序。通过网络提供服务时，服务可以在 Active Directory（活动目录）中发布，从而促进了以服务为中心的管理和使用。

操作系统中的服务是指执行指定系统功能的程序、例程或进程，以便支持其他程序，尤其是低层（接近硬件）程序。每个服务程序都有某种特定的功能，为计算机完成某个任务或功能提供必要的支持。

服务可以开启或停止。在运行相关软件或工作任务前，必须开启相对应的服务。不进行相关工作时，可暂停或停止某些服务。

MySQL 软件运行时，必须启动 MySQL 服务。

2. 端口

计算机端口（Port），可以认为是计算机与外界通信交流的出口，分软件端口和硬件端口。硬件端口又称接口，如 USB 端口、串行端口等。软件端口一般指网络中面向连接服务和无连接服务的通信协议端口，是一种抽象的软件结构，包括一些数据结构和 I/O（基本输入/输出）缓冲区。通常不特别强调时，端口指的是软件端口。

端口又可分为三大类：公认端口（Well Known Ports）、注册端口（Registered Ports）以及动态和/或私有端口（Dynamic and/or Private Ports）。

公认端口：从 0 到 1023，它们紧密绑定于一些服务。通常这些端口的通信明确表明了某种服务的协议。例如，80 端口实际上总用于 HTTP 通信等。

注册端口：从 1024 到 49151，它们松散地绑定于一些服务。也就是说有许多服务绑定于这些端口，这些端口同样用于许多其他目的。例如，许多系统处理动态端口从 1024 左右开始。

动态和/或私有端口：从 49152 到 65535，理论上，不应为服务分配这些端口。实际上，机器通常从 1024 起分配动态端口。但也有例外，如 SUN 的 RPC 端口从 32768 开始。

MySQL 服务的默认端口为 3306。

3. 配置文件

配置文件（Configuration File）是一种计算机文件，可以为一些计算机程序配置参数和初始设置。

不同的应用程序或者服务可能使用各自单独的格式，但大多遵从使用纯文本文件的传统，常用简单的键值对格式，类似.cnf、.conf、.cfg、.cg、.ini 的文件扩展名。这些配置文件格式几乎都允许使用注释，所以可以用前缀注释字符的方法来关闭设置。默认的配置文件中通常也都有翔实的内部文档，以注释的形式出现。

一个配置文件，是由两部分组成的：

（1）注释内容。通常用#来单行注释表示，用来解释一些必要内容。

（2）配置项内容。配置项内容通常是一个一个的键值对的记录，左侧是键（key），右侧是值（value），在键值对中间，用=或其他符号来分隔 key 和 value。例如，port=3306。

MySQL 的配置文件通常是 my.ini。

 任务实施

1. 配置 MySQL

MySQL 数据库中使用的配置文件是 my.ini，修改这个文件可以达到更新配置的目的。MySQL 现在的版本，安装时都会自动生成这个配置文件。my.ini 通常存放在 MySQL 的安装目录下。可使用记事本或写字板等文本编辑软件打开 my.ini 进行编辑，修改相关配置。

下面介绍 my.ini 各配置项的含义。

```
[client]
port=3306
[mysql]
default-character-set=gbk
```

上面显示的是客户端的参数，参数含义如下：

port 参数表示的是 MySQL 服务的端口，默认的端口是 3306。

default-character-set 参数是客户端默认的字符集，如果希望 MySQL 支持中文，可设置成 gbk 或者 utf8。

```
[mysqld]
port=3306
basedir=" C:/ProgramData/MySQL/MySQL Server 8.0/"
datadir="C:/ProgramData/MySQL/MySQL Server 8.0/Data/"
character-set-server=gbk
default-storage-engine=INNODB
sql-mode="STRICT_TRANS_TABLES,NO_AUTO_CREATE_USER,NO_ENGINE_SUBSTITUTION"
max_connections=100
query_cache_size=0
table_cache=256
tmp_table_size=100M
thread_cache_size=8
myisam_max_sort_file_size=100G
myisam_sort_buffer_size=100M
key_buffer_size=80M
read_buffer_size=64K
```

```
read_rnd_buffer_size=256K
sort_buffer_size=256K
```

上面显示的是服务器端参数，参数含义如下：

（1）port 参数表示数据库服务端口，默认的也是 3306。

（2）basedir 参数表示 MySQL 的安装路径。

（3）datadir 参数表示 MySQL 数据文件的存储位置。

（4）character-set-Server 参数表示服务器端的默认字符集。

（5）default-storage-engine 参数指定默认的存储引擎。

（6）sql-mode 参数表示 SQL 模式，这个参数用来设置检验 SQL 语句的严格程度。

（7）max_connections 参数表示允许同时访问 MySQL 服务器的最大连接数，其中有一个连接是保留的，留给管理员专用。

（8）query_cache_size 参数表示查询时的缓存大小，缓存中可以存储以前通过 SELECT 语句查询过的数据，再次查询时就可以直接从缓存中读取数据。

（9）table_cache 参数表示所有进程打开表的总数。

（10）tmp_table_size 参数表示内存中临时表的大小。

（11）thread_cache_size 参数表示保留客户端线程的缓存大小。

（12）myisam_max_sort_file_size 参数表示 MySQL 重建索引时所允许的最大临时文件的大小。

（13）myisam_sort_buffer_size 参数表示重建索引时的缓存大小。

（14）key_buffer_size 参数表示关键词的缓存大小。

（15）read_buffer_size 参数表示 MyISAM 表全表扫描的缓存大小。

（16）read_rnd_buffer_size 参数表示将排序好的数据读入的缓存大小。

（17）sort_buffer_size 参数表示用于排序的缓存大小。

```
innodb_additional_mem_pool_size=3M
innodb_flush_log_at_trx_commit=1
innodb_log_buffer_size=2M
innodb_buffer_pool_size=100M
innodb_log_file_size=60M
innodb_thread_concurrency=20
```

上面显示的是 InnoDB 存储引擎使用的参数，参数含义如下：

（1）innodb_additional_mem_pool_size 参数表示附加的内存池，用来存储 InnoDB 表的数据。

（2）innodb_flush_log_at_trx_commit 参数表示设置提交日志的时机，为 1 时表示 InnoDB 会在每次提交后将事务日志写到磁盘上。

（3）innodb_log_buffer_size 参数指定用来存储日志数据的缓存区的大小。

（4）innodb_buffer_pool_size 参数表指定缓冲池的大小，InnoDB 使用一个缓冲池类保存索引和原始数据。

（5）innodb_log_file_size 参数指定日志文件的大小。

（6）innodb_thread_concurrency 参数指定 InnoDB 存储引擎允许的线程最大数。

注意：每次修改配置文件后，必须重新启动 MySQL 服务才会生效。

2. 启动 MySQL 服务

MySQL 服务的启动，既可以通过命令方式进行，也可以通过图形界面操作完成。

通过命令方式进行的步骤如下：

（1）启动 cmd 命令窗口。在 Win10 系统下，单击"开始"按钮旁边的"搜索"按钮，在搜索框中输入"cmd"，然后选择"以管理员身份运行"选项，如图 2-23 所示。

配套教学视频

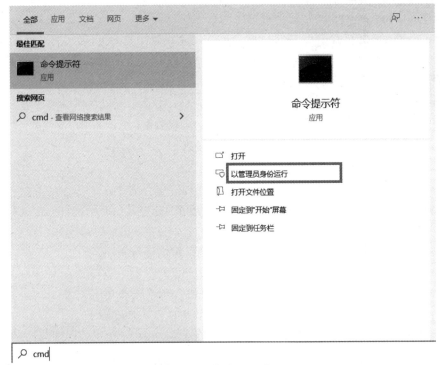

图 2-23　启动 cmd 窗口

（2）输入启动服务命令。在 cmd 窗口中输入如下命令：

```
net start mysql
```

即可启动 MySQL 服务。

如要停止 MySQL 服务，可在 CMD 窗口中输入如下命令：

```
net stop mysql
```

在 Win10 环境下，也可按如下步骤启动或停止 MySQL 服务：

右键单击"此电脑"按钮，在弹出的快捷菜单中选择"管理"选项打开"计算机管理"窗口，单击其中的"服务和应用程序"，在窗口右侧的列表中找到 MySQL 服务项。选中该条目，单击右上方的"启动""暂停"等按钮进行服务的启动或暂停等，如图 2-24 所示。

3. MySQL 登录

MySQL 服务成功启动后，可通过客户端登录到 MySQL。在 Win10 环境下，既可通过相关命令来实现，也可通过软件安装之后提供的登录窗口完成。

通过命令方式登录的步骤如下：

（1）启动 cmd 命令窗口。操作方法同前面。

（2）切换到 MySQL 安装目录。使用 cd 命令切换目录，在 cmd 窗口中输入如下命令：

```
cd " C:\Program Files\MySQL\MySQL Server 8.0\bin"
```

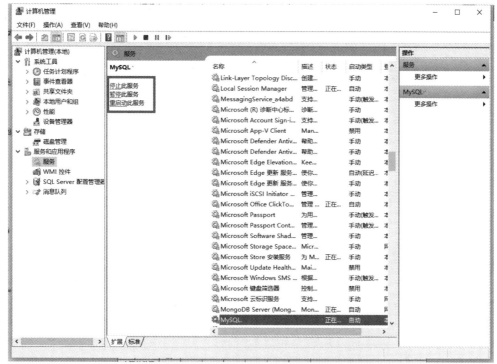

图 2-24　"计算机管理"窗口

注意

cd 后面的路径要根据自己的安装目录位置而变化。若在其他盘上，还需要先切换盘符。

（3）输入登录命令。

```
mysql -h localhost -P 3306 -u root -p123456
```

其中，"-h localhost"指定要连接的机器名，可以使用 IP 地址；"-P 3306"指定端口；"-u root"指定用户；"-p123456"指定密码。当通过默认端口连接本地主机时，前两项可以省略。

上面命令中的 123456 为密码，可根据实际情况变换。为了安全起见，可以在命令中不指定密码，而在命令执行后的提示中输入。

注意

要区分命令中的大小写。-P 为端口，-p 为密码；另外，密码和-p 之间不能有空格。

也可使用 MySQL Command Line Client 登录，步骤如下：

单击"开始"按钮，在开始菜单中找到"MySQL"，依次展开找到"MySQL Server 8.0"→"MySQL 8.0 Command Line Client"，单击"进入"按钮登录窗口。窗口中会提示输入密码。输入正确密码后即可登录 MySQL。

试一试：

修改 MySQL 初始密码。

登录之后，在 mysql>提示符之后输入：

```
set password=password('abcdef');
```

或者

```
update mysql.user set authentication_string=password('abcdef') where user='root';
```

注意

set 命令直接退出再登录就可以生效，而 update 代码段需要重启 MySQL 服务才能生效。

任务三　MySQL 图形化管理工具

 ## 任务提出

MySQL 安装之后，默认提供的是命令行操作模式。对于很多已经习惯了使用 Windows 操作系统的用户来说，会感觉不太方便和不太适应。

 ## 任务分析

为满足用户的需求，MySQL 的开发团队推出了 MySQL 图形化管理工具 MySQL Workbench。除此之外，还有一些公司也推出了其他的 MySQL 图形化管理工具，例如 phpMyAdmin、Navicat for MySQL、MySQLDumper、SQLyog 等软件。

本任务的具体要求如下：

- 了解常见的 MySQL 图形化管理工具。
- 掌握 Navicat for MySQL 的安装和使用。

 ## 相关知识

1. MySQL Workbench

MySQL Workbench 是 MySQL 官方提供的图形化管理工具，分为社区版和商业版。商业版按年收费，而社区版则完全免费。MySQL Workbench 的前身是 FabForce 公司的 DDesigner 4。

MySQL Workbench 为数据库管理员、程序开发者和系统规划师提供可视化设计、模型建立以及数据库管理功能。它包含了用于创建复杂的数据建模 E-R 模型，正向和逆向数据库工程，也可以用于执行通常需要花费大量时间和需求难以变更与管理的文档任务。它支持数据库的创建、设计、迁移、备份、导出和导入等功能，并且支持 Windows、Linux 和 mac 等主流操作系统。

MySQL Workbench 可在 MySQL 的官网下载，下载地址为：https://dev.mysql.com/downloads/workbench/。

2. Navicat for MySQL

Navicat for MySQL 是一款强大的 MySQL 数据库服务器管理和开发工具，这套全面的前端工具为数据库管理、开发和维护提供了一款直观而强大的图形界面。

Navicat for MySQL 可以与任何版本的 MySQL 一起工作，支持触发器、存储过程、函数、事件、视图、管理用户等。它是管理和开发 MySQL 或 MariaDB 的理想解决方案。它是一套单一的应用程序，能同时连接 MySQL 和 MariaDB 数据库，并与 Amazon RDS、Amazon Aurora、Oracle Cloud、Microsoft Azure、阿里云、腾讯云和华为云等云数据库兼容。

Navicat for MySQL 使用图形化的用户界面（GUI），可以让用户用一种安全简便的方式来快速方便地创建、组织、访问和共享信息，对于新手来说也易学易用。它支持中文，并提供免费版本，是目前用得最多的一款 MySQL 图形化管理工具。

Navicat for MySQL 官网下载地址为：https://www.navicat.com/。

3. phpMyAdmin

phpMyAdmin 是最常用的 MySQL 图形化管理工具之一，使用 PHP 编写，通过 Web 方式控制和操作 MySQL 数据库，是 Windows 环境中使用 PHP 开发软件时的标配。通过 phpMyAdmin 可以完全对数据库进行操作，例如，建立、复制、删除数据等，管理数据库非常方便，并支持中文，不足之处在于对大数据库的备份和恢复不方便，对于数据量大的操作容易导致页面请求超时。

其下载地址为：https://www.phpmyadmin.net/。

4. MySQLDumper

MySQLDumper 使用基于 PHP 开发的 MySQL 数据库备份恢复程序，解决了使用 PHP 进行大数据库备份和恢复的问题。数百兆的数据库都可以方便地备份恢复，不用担心网速太慢而导致中断的问题，非常方便易用。

这个软件是德国人开发的，下载地址为：http://www.mysqldumper.de/en/。

5. SQLyog

SQLyog 是一款简洁高效、功能强大的图形化管理工具。SQLyog 操作简单，功能强大，能够帮助用户轻松管理自己的 MySQL 数据库。SQLyog 中文版支持多种数据格式导出，可以快速帮助用户备份和恢复数据，还能够快速地运行 SQL 脚本文件，为用户的使用提供便捷。使用 SQLyog 可以快速直观地让用户从世界的任何角落通过网络来维护远端的 MySQL 数据库。

其下载地址为：http://sqlyog.en.softonic.com/或者 https://www.webyog.com/product/sqlyog。

搜一搜
请通过互联网，搜索一下还有哪些 MySQL 图形化管理工具。

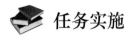 任务实施

配套教学视频

1. 安装 Navicat for MySQL

首先可在网上搜索 Navicat for MySQL 的相关软件并下载安装包。下载完成后双击安装包，打开安装界面。如图 2-25～图 2-30 所示依次进行设置并单击"Next"按钮，即可完成安装。

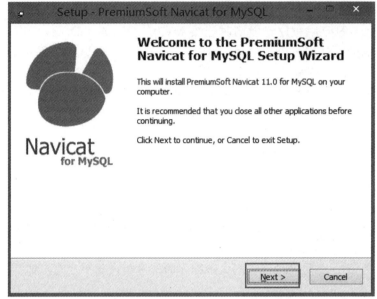

图 2-25　Navicat for MySQL 安装过程 a

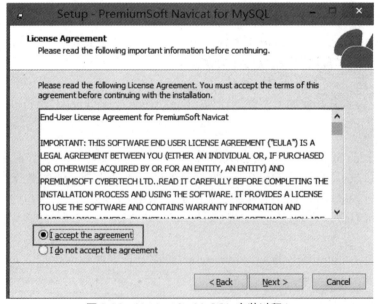

图 2-26　Navicat for MySQL 安装过程 b

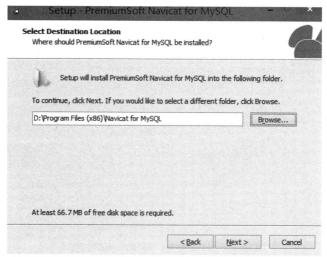

图 2-27　Navicat for MySQL 安装过程 c

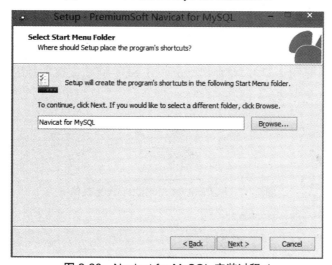

图 2-28　Navicat for MySQL 安装过程 d

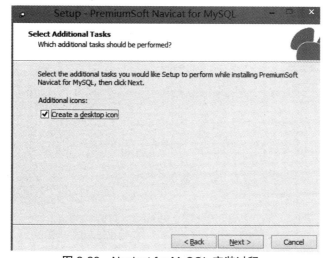

图 2-29　Navicat for MySQL 安装过程 e

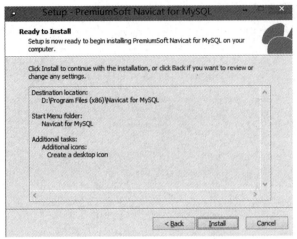

图 2-30 Navicat for MySQL 安装过程 f

2. Navicat for MySQL 连接数据库

如果是初次使用 Navicat for MySQL，需要先创建数据库连接，步骤如下：

（1）启动 Navicat for MySQL，单击导航窗口的左上角的"连接"按钮，在下拉菜单中选择"MySQL"选项（见图 2-31），会弹出一个"MySQL-新建连接"对话框（见图 2-32）。

图 2-31 Navicat for MySQL "连接菜单"

图 2-32 "MySQL-新建连接"对话框

在"常规"选项卡中设置相应的连接参数,在"连接名"文本框中输入"connection",然后分别设置主机名或 IP 地址、端口、用户名和密码。主机名或 IP 地址、端口、用户名若不需改动,可直接使用默认值。在密码框中输入正确的密码。输入完成后单击"连接测试"按钮,如果出现"连接成功"提示信息对话框,说明该连接有效且输入密码正确,单击"确定"按钮保存创建的新连接,如图 2-33 所示。

图 2-33 "连接成功"提示信息对话框

连接创建成功后会在窗口中出现相应的连接对象。双击该对象或者在右键菜单中选择"打开连接"选项,即可打开连接进行数据库的其他操作了,如图 2-34 所示。

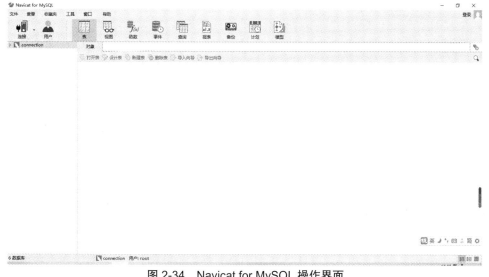

图 2-34 Navicat for MySQL 操作界面

习　题

一、填空题

1. MySQL 安装成功后，默认的用户名是_____。
2. MySQL 服务的默认端口号是_____。
3. 在 Windows 命令行模式下，启动 MySQL 服务的命令是_____。
4. MySQL 的配置文件的文件名通常是_____。

二、简答题

1. 请写出 MySQL 登录命令常用参数的含义。
2. 如何查看 MySQL 的安装目录？

三、操作题

1. 下载 MySQL 安装包并安装软件。
2. 修改 MySQL 端口号为 3307。

项目三　数据库的基本操作

【学习目标】

- 掌握 MySQL 数据库的创建与管理。
- 掌握 MySQL 的数据类型，能正确设置数据类型。
- 掌握数据表的创建方法，能通过图形界面图形方式和命令方式创建数据表。
- 掌握数据表的修改删除，能通过图形界面方式和命令方式修改删除数据表。
- 掌握数据的输入、删除、修改操作。

【项目描述】

要存放数据，首先要创建数据库。但数据库并不能直接存放数据，MySQL 要通过数据表将数据存放在数据库中。数据表是 MySQL 数据库中最主要的对象，是组织和管理数据的基本单位，用于存储数据库中的数据。数据表以记录为单位对数据进行操作管理，例如，插入数据、修改数据和删除数据等。

本项目将在创建的数据库中创建数据表并对表进行操作，包括通过图形界面方式创建数据库和表、以命令方式创建数据库和表、数据表的修改删除等。

任务一　创建数据库

 任务提出

根据项目一的数据库设计结果，在 MySQL 中分别使用图形界面和命令方式来创建学生信息管理系统的相关数据库。

 任务分析

本任务的具体要求如下：

- 了解 MySQL 数据库结构。
- 登录数据库。
- 通过图形界面方式创建数据库。
- 以命令方式创建数据库。

 **相关知识**

1. MySQL 数据库文件

MySQL 的每个数据库都对应存放在一个与数据库同名的文件夹中，该文件夹由 MySQL 配置文件 my.ini 定义，配置文件中 datadir 条目的内容就指定了数据文件夹的存放位置。

MySQL 数据库文件包括 MySQL 所建数据库文件和 MySQL 所用存储引擎创建的数据库文件。MySQL 创建并管理的数据库文件是.frm 文件。这类文件用来存储数据表的框架结构，文件名与表名相同，每个表对应一个同名.frm 文件，与操作系统和存储引擎无关。不管 MySQL 运行在何种操作系统上，使用何种存储引擎，都有这个文件。

除了必有的.frm 文件，根据 MySQL 所使用的存储引擎的不同，存储引擎会创建各自不同的数据库文件。MySQL 常用的两个存储引擎是 MyISAM 和 InnoDB，下面分别介绍。

1）MyISAM 数据库文件

.MYD 文件：即 MY Data，MyISAM 的表数据文件。

.MYI 文件：即 MY Index，MyISAM 的索引文件。

.log 文件：MyISAM 的日志文件。

2）InnoDB 数据库文件

InnoDB 采用表空间（Tablespace）来管理数据，存储表数据和索引。InnoDB 数据库文件包括以下几个。

ibdata1、ibdata2 等：InnoDB 系统表空间文件，存储 InnoDB 系统信息和用户数据库表数据和索引，所有表共用。

.ibd 文件：InnoDB 单表表空间文件，每个表使用一个表空间文件，存放用户数据库表数据和索引。

ib_logfile1、ib_logfile2 等：InnoDB 日志文件。

2. MySQL 数据库对象

MySQL 的数据库不仅仅只用于数据的存储，所有与数据处理操作相关的信息都存储在数据库中。常用 MySQL 数据库对象包括表、视图、索引、约束等。

（1）表：表是最主要的数据库对象，由行和列组成。列由同类的信息组成，每列又称为一个字段，每列的标题称为字段名。行包括了若干列信息项。一行数据称为一个或一条记录，它表达有一定意义的信息组合。一个数据库表由一条或多条记录组成，没有记录的表称为空表。每个表中通常都有一个主关键字，用于唯一地确定一条记录。

（2）视图：视图是从一个或多个基本表中引用的表，但它其实是一个虚拟的表，在数据库中并不实际存在。视图是由查询数据库表产生的，它限制了用户能看到和修改的数据。视图可以用来控制用户对数据的访问，并能简化数据的显示，即通过视图只显示那些需要的数据信息。

（3）索引：索引是根据指定的数据库表列建立起来的顺序。它提供了快速访问数据的途径，并且可监督表的数据，使其索引所指向的列中的数据不重复。

（4）约束：约束是数据库用来确保数据满足业务规则的一种手段，主要用于保障数据的一致性与完整性。

（5）存储过程：存储过程是为完成特定的功能而汇集在一起的一组 SQL 语句，也就是用 SQL 编写的一段程序。

（6）触发器：触发器是一个用户定义的 SQL 事务命令的集合。当对一个表进行插入、更改、删除时，这组命令就会自动执行。其性质和存储过程相似，但只针对特定的表和特定的事件。

（7）函数：函数是数据库中定义的方法，它接收参数并返回某种类型的值，并且不涉及特定用户表。

3. MySQL 系统数据库

MySQL 安装成功后，系统将自动创建 4 个系统数据库，分别是 information_schema、mysql、performance_schema、sys。

1）information_schema

information_schema 提供了访问数据库元数据（Metadata）的方式。数据库元数据就是描述数据的数据，在 MySQL 中就是描述 database 的数据，如数据库名或表名、列的数据类型或访问权限等。

information_schema 是一个信息数据库，它保存着关于 MySQL 服务器所维护的所有其他数据库的信息，包括数据库名、数据库的表、字段的数据类型、访问权限等。

2）mysql

mysql 是 MySQL 的核心数据库，类似于 SQL Server 中的 master 表，主要负责存储数据库的用户、权限设置、关键字等 MySQL 自己需要使用的控制和管理信息。用户可以通过修改该数据库中相应表中的数据来进行用户管理和权限管理。

3）performance_schema

performance_schema 用于收集数据库服务器性能参数，提供以下功能：

（1）提供进程等待的详细信息，包括锁、互斥变量、文件信息。

（2）保存历史的事件汇总信息，为提供 MySQL 服务器性能做出详细的判断。

（3）对于新增和删除监控事件点都非常容易，并可以随意改变 MySQL 服务器的监控周期。

4）sys

sys 通过视图的形式把 information_schema 和 performance_schema 结合起来，查询出更加令人容易理解的数据。sys 主要是为了降低复杂度，让数据库管理员（DBA）能更好地阅读这个库里的内容，更快地了解数据库的运行情况。

sys 数据库里面包含了一系列的存储过程、自定义函数以及视图来帮助快速了解系统的元数据信息。

4. MySQL 数据库操作命令

1）创建数据库

MySQL 创建数据库使用 CREATE DATABASE 命令。CREATE DATABASE 命令主要格式如下：

```
CREATE DATABASE [IF NOT EXISTS ]数据库名 [数据库选项];
```

其中，**IF NOT EXISTS** 表示在创建数据库前进行检测，如果该数据库不存在，则进行创建，否则不创建。使用该子句可以避免因数据库存在而报错的情况。

数据库选项主要用来指定数据库字符集和字符集的校对规则，分别通过 CHARACTER SET 和 COLLATE 选项进行指定。

注意：

MySQL 中数据库命名应符合操作系统文件命名规则，并且是不区分英文大小写的。如果数据库名出现空格、+等字符时，数据库名要使用单撇号括起来。

MySQL 命令要使用；表示命令的结束。

2）修改数据库

MySQL 使用 ALTER DATABASE 命令修改数据库。ALTER DATABASE 命令格式如下：

```
ALTER DATABASE 数据库名 数据库选项;
```

数据库选项的含义和前面一样。

注意：

修改数据库时，用户必须要有数据库的修改权限。

3）删除数据库

MySQL 使用 DROP DATABASE 命令修改数据库。DROP DATABASE 命令格式如下：

```
DROP DATABASE [IF EXISTS] 数据库名 ;
```

其中，IF EXISTS 表示要先检查数据库是否存在，只有存在该数据库时才执行删除操作。

注意：

数据库删除之后，数据库中的所有数据都会丢失，并且不能撤销还原。

4）选择当前数据库

MySQL 使用 USE 命令选择当前数据库。USE 命令格式如下：

```
USE 数据库名 ;
```

注意：

在 MySQL 中创建数据库后，该数据库并不会成为当前数据库，一定要使用 USE 命令选择为当前数据库。

5）查看数据库

MySQL 使用 SHOW DATABASES 命令查看系统里有哪些数据库，命令格式如下：

```
SHOW DATABASES;
```

另外，MySQL 使用 SHOW CREATE DATABASE 命令查看指定数据库的结构信息，命令格式如下：

```
SHOW CREATE DATABASE 数据库名;
```

 任务实施

1. 通过图形界面创建数据库

任务要求：在 Navicat for MySQL 中创建一个数据库，数据库名为 xsgl。

配套解答

实现过程：启动 Navicat for MySQL，展开链接"xxdbs"，单击鼠标右键，在弹出的快捷菜单中选择"新建数据库"选项（见图 3-1），打开"新建数据库"对话框。输入数据库名，可将字符集设置为"utf8"（见图 3-2），MySQL 支持世界上大多数国家的字符，单击"确定"按钮后，可在连接下看到该数据库（见图 3-3）。

图 3-1　新建数据库菜单

图 3-2　"新建数据库"对话框

图 3-3　新建数据库结果

2. 以命令方式创建数据库

任务要求：使用命令方式创建一个名为 exam 的数据库，如果存在该数据库则不创建。

实现过程：在 MySQL 命令行窗口中输入如下内容：

```
CREATE DATABASE IF NOT EXISTS exam;
```

3. 以命令方式修改数据库

任务要求：将数据库 exam 的默认字符集修改为 GBK。

实现过程：在 MySQL 命令行窗口中输入如下内容：

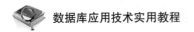

```
ALTER DATABASE exam CHARACTER SET=gbk;
```

4. 以命令方式查看数据库

任务要求：查看当前系统内有哪些数据库。

实现过程：在 MySQL 命令行窗口中输入如下内容：

```
SHOW DATABASES;
```

5. 以命令方式查看数据库结构

任务要求：查看数据库 exam 的结构信息。

实现过程：在 MySQL 命令行窗口中输入如下内容：

```
SHOW CREATE DATABASE exam;
```

6. 以命令方式删除数据库

任务要求：删除数据库 exam，如果不存在该数据库则不删除。

实现过程：在 MySQL 命令行窗口中输入如下内容：

```
DROP DATABASE IF EXISTS exam;
```

任务二　创建数据表

 ## 任务提出

数据表是数据库中最基本的数据对象，用于存放数据库中的数据。在创建数据库之后，就需要建立数据表。例如，在学生成绩管理系统中，最起码需要学生表、课程表和成绩表。

 ## 任务分析

创建数据表必须要为每一个字段指定数据类型。合理选择正确的数据类型，才能保证数据库中的数据得到有效的管理。

本任务的具体要求如下：

- 学习 MySQL 的数据类型。
- 通过图形界面创建数据表。
- 以命令方式创建数据表。

 ## 相关知识

1. MySQL 数据类型

MySQL 支持多种类型，下面介绍其中常见的一些类型。

1）字符类型（表 3-1）

表 3-1 字符类型

数据类型	描 述
char(n)	固定长度的字符串。其中 n 定义字符串的长度，长度不足补空格
varchar(n)	可变长度的字符串。n 为字符串最大长度
tinytext	短文本数据
text	文本数据
mediumtext	中等文本数据
longtext	长文本数据

说明：

当数据库中表里的列定义为 char(n)类型时，若实际存储的字符串长度不足 n 时，则在字符串的尾部添加空格以达到长度 n，所以 char(n)类型数据的长度固定为 n。

例如，某列的数据类型为 char(20)，而输入的字符串为"abcdefgh"，则存储的是字符 abcdefgh 和 12 个空格。若输入的字符个数超出了 n，则超出的部分被截断。

char(n)查找速度快，但浪费部分存储空间；varchar(n)管理较麻烦，但节省存储空间。

注意：

char(n)和 varchar(n)括号中的 n 代表字符的个数，并不代表字节个数，比如 CHAR(10)表示可以存储 10 个字符。而一个字符所占用的字节数会因编码方式不同而有变化。

2）二进制类型（表 3-2）

表 3-2 二进制类型

数据类型	描 述
bit	允许 0、1 或 NULL
binary(n)	固定长度的二进制数据，n 定义二进制长度
varbinary(n)	可变长度的二进制数据，n 指定二进制最大长度
Blob	可变长度的二进制数据，二进制大对象

说明：MySQL 中 bit 型数据相当于其他语言中的逻辑型数据。MySQL 对表中 bit 类型列的存储进行了优化：如果一个表中有不多于 8 个的 bit 列，则这些列将作为 1 字节存储；如果表中有 9～16 个 bit 列，则这些列将作为 2 字节存储，更多列的情况以此类推。

binary 和 varbinary 类型类似于 char 和 varchar 类型，但是不同的是，它们存储的不是字符字符串，而是二进制串。所以它们没有字符集，并且排序和比较基于列值字节的数值。当保存 binary 值时，在它们右边填充 0x00（零字节）值以达到指定长度。取值时不删除尾部的字节。

3）数值类型（表 3-3）

表 3-3 数值类型

数据类型	描 述
tinyint	微短整数，范围为 0～255，长度为 1 字节

数据类型	描　述
smallint	短整数，范围为 $-2^{15}\sim2^{15}-1$，长度为 2 字节
mediumint	中等整数，范围为 $-2^{21}\sim2^{21}-1$，长度为 3 字节
int	整数，范围为 $-2^{31}\sim2^{31}-1$，长度为 4 字节
bigint	大整数，范围为 $-2^{63}\sim2^{63}-1$，长度为 8 字节
decimal（p，s）	固定精度和比例的数字。允许从 $-10^{38}+1$ 到 $10^{38}-1$ 之间的数字。p 参数指示可以存储的最大位数（小数点左侧和右侧）。p 必须是 1 到 38 之间的值，默认是 18。s 参数指示小数点右侧存储的最大位数。s 必须是 0 到 p 之间的值，默认是 0
numeric（p，s）	同 decimal（p，s）
double	从 $-1.79\text{E}+308$ 到 $1.79\text{E}+308$ 的双精度数浮点字数据
float	从 $-3.40\text{E}+38$ 到 $3.40\text{E}+38$ 的单精度浮点数字数据

说明：精确数值型包括 decimal 和 numeric 两类。但这两种数据类型在功能上完全等价。指定某列为精确数值型，精度为 6，小数位数为 3，即 decimal(6,3)，那么当向某记录的该列赋值 56.342689 时，该列实际存储的是 56.343。

在指定带有小数的数据类型时，应尽量选用 decimal 类型，float、double 类型存在精度丢失问题，即写入数据库的数据未必是插入数据库中的数据，而 decimal 类型无论写入数据库中的数据是多少，都不会存在精度丢失问题。float、double 类型一般只用于科学计算。

4）日期时间类型（表 3-4）

表 3-4　日期时间类型

数据类型	描　述
datetime	日期和时间，范围为'1000-01-01 00:00:00'到'9999-12-31 23:59:59'
date	仅存储日期，范围是'1000-01-01'到 '9999-12-31'
time	以'HH:MM:SS'格式显示时间值，范围可以'-838:59:59'到'838:59:59'
year	以 YYYY 格式检索和显示年份，范围是 1901 到 2155
timestamp	存储唯一的数字，每当创建或修改某行时，该数字会更新。timestamp 基于内部时钟，不对应真实时间。每个表只能有一个 timestamp 变量

说明：可以使用任何常见格式指定 datetime、date 和 timestamp 值。下面的形式都是合法的。

（1）'YYYY-MM-DD HH:MM:SS'或'YY-MM-DD HH:MM:SS'格式的字符串。允许"不严格"语法：任何标点符号都可以用作日期部分或时间部分之间的间割符。例如，'21-11-25 11:15:55'、'21.11.25 11+15+55'、'21/11/25 11*15*55'和'21@11@25 11^15^55'是等价的。

（2）'YYYY-MM-DD'或'YY-MM-DD'格式的字符串。这里也允许使用"不严格的"语法。例如，'21-11-25'、'21.11.25'、'21/11/25'和'21@11@25'是等价的。

（3）'YYYYMMDDHHMMSS'或'YYMMDDHHMMSS'格式的没有间割符的字符串。如果字符串对于日期类型是有意义的，例如，'20211125091530'或'211125091530'将被解释为'2021-11-25 09:15:30',但'211122129015'是不合法的，因为它的分钟部分没有意义，所以将变为'0000-00-00 00:00:00'。

（4）'YYYYMMDD'或'YYMMDD'格式的没有间割符的字符串。如果字符串对于日期类型是有意义的，例如，'20211125'或'211125'将被解释为 '2021-11-25'，但如果是'211332'，则是不合法的，它的月和日部分没有意义，所以将变为'0000-00-00'。

（5）YYYYMMDDHHMMSS 或 YYMMDDHHMMSS 格式的数字。如果数字对于日期类型是有意义的，例如，20211105133500 和 831105133500 被解释为 '2021-11-05 13:35:00'。

（6）YYYYMMDD 或 YYMMDD 格式的数字。如果数字对于日期类型是有意义的，例如，20211105 和 831105 被解释为'2021-11-05'。

对于包括日期部分间割符的字符串值，如果日和月的值小于 10，不需要指定两位数。'2021-7-8'与'2021-07-08'是相同的。同样，对于包括时间部分间割符的字符串值，如果时、分和秒的值小于 10，不需要指定两位数。'2021-10-30 1:2:3'与'2021-10-30 01:02:03'相同。

数字值应为 6、8、12 或者 14 位长。系统会根据长度自动匹配。如果一个数值是 8 或 14 位长的，则假定为 YYYYMMDD 或 YYYYMMDDHHMMSS 格式，前 4 位数表示年。如果数字是 6 或 12 位长的，则假定为 YYMMDD 或 YYMMDDHHMMSS 格式，前 2 位数表示年。

2. MySQL 创建表命令

MySQL 中创建数据表使用 CREATE TABLE 命令，其常用语法格式如下：

```
CREATE [TEMPORARY] TABLE [IF NOT EXISTS][数据库名.]表名
(
    <字段定义>
    [ ,…… ]
    [ <表约束> ]
) [表选项];
```

其中，TEMPORARY 表示创建的表为临时表，在退出 MySQL 时会被自动删除；IF NOT EXISTS 则会检查表是否已经存在，如果存在，会放弃表的创建。

每一个<字段定义>用来定义表中的一个字段，其格式如下：

```
字段名 数据类型 [其他属性]
```

注意：
同一字段每一项之间必须用空格分隔。字段和字段之间用逗号分隔。

"其他属性"可以选用以下选项：

（1）PRIMARY KEY，用来指定主键。

（2）UNIQUE，用来指定是否唯一。

（3）NULL | NOT NULL，用来指定是否为空。

（4）DEFAULT 常量表达式，用来指定默认值。

（5）AUTO_INCREMENT，用来指定字段为自动增长类型，只有数据类型为整型的字段才可以选用，每张表只能有一个这种类型的字段。

<表约束>则可以创建关于表的约束。关于约束会在后面专门介绍，这里暂时忽略。

表选项主要用来指定表的字符集和字符集的校对规则，分别通过 CHARACTER SET 和

COLLATE 选项进行指定。

除了自己定义一个新表，使用 CREATE TABLE 命令也可以根据现有的表结构，复制得到一个同样结构的新表，其语法格式如下：

```
CREATE [TEMPORARY] TABLE [IF NOT EXISTS][数据库名.]新表名 LIKE 老表名;
```

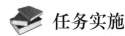 任务实施

1. 表结构设计

任务要求：完成 student（学生表）的表结构设计。创建数据表之前，必须先完成表结构的设计。表结构设计要定义出数据表中所包含的各个字段，以及各字段的相关属性，包括字段名、数据类型、字段长度等。

配套解答

实现过程：根据前面章节的内容，可以定义学生表（student）应该包含如下字段：Sno（学号）、Sname（姓名）、Sex（性别）、Birth（出生时间）、ClsNo（班级编号）、Tcredit（总学分）。各字段的具体属性要求如表 3-5 所示。

表 3-5　student（学生表）的表结构

字段名	字段说明	数据类型	长度	是否允许为空	约束
Sno	学号	char	9	否	主键
Sname	姓名	varchar	10	否	
Sex	性别	bit	系统自定义	否	
Birth	出生年月	date	系统自定义	是	默认值 2000-1-1
ClsNo	班级编号	char	7	否	外键，参照 Class 表的 ClsNo
Tcredit	总学分	numeric(4, 1)	系统自定义	是	值不小于 0

注意：

字段名使用中文和英文均可，但建议使用英文。

想一想

Sex（性别）字段的数据类型为什么要定义为 bit 型？有什么好处？是否可以定义为其他类型？

2. 图形界面创建数据表

任务要求：根据上面的表结构定义，在 xsgl 数据库中创建数据表 student。

实现过程：启动 Navicat for MySQL，展开链接 "xxdbs"，进一步展开 "xsgl" 数据库对象（见图 3-4）。右键单击其下的 "表" 选项，在弹出的快捷菜单中选择 "新建表" 选项，打开 "表设计器" 窗口。

图 3-4　新建表

在"表设计器"窗口中,根据表 3-1 中 student 表的表结构,输入并设置各字段的相关属性。

(1)分别在字段名中输入"Sno",类型中输入"char",长度中输入 9,单击键设置主键,会出现小钥匙图标,此时"不是 null"会自动打钩(见图 3-5)。

图 3-5　设置主键

(2)分别在字段名中输入"Sname",类型中输入"varchar",长度中输入"10","不是 null"打钩。

(3)分别在字段名中输入"Sex",类型中输入"bit","不是 null"打钩。

(4)分别在字段名中输入"Birth",类型中输入"date"。单击本字段,在下方出现的"默认"框中输入"'2000-1-1'"(见图 3-6)。

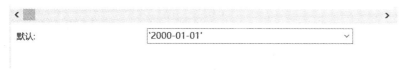

图 3-6　设置默认值

(5)分别在字段名中输入"ClsNo",类型中输入"char",长度中输入"7","不是 null"打钩。

(6)分别在字段名中输入"Tcredit",数据类型中输入"numerical",长度中输入"4",小数点中输入"1"。单击本字段,在下方出现的"无符号"处打钩(见图 3-7)。

图 3-7　设置无符号

单击 保存 图标保存。在弹出的对话框中输入表名"student"(见图 3-8),完成数据表的创建工作。

图 3-8 指定表名

此时，展开 xsgl 数据库中的表对象，就可以看到新创建的数据表了（见图 3-9）。

图 3-9 新建好的表

想一想

在同一数据库服务器中，可否存在两个同名的数据表？

练一练

请参照前面的内容，在 xsgl 数据库中新建数据表 course（课程表）。

3. 以命令方式创建数据表

配套解答

任务要求：使用命令方式，在 xsgl 数据库中创建一个和数据表 student 相同的数据表 student1。

实现过程：在 MySQL 命令行窗口中，或者 Navicat for MySQL 中新建一个查询，输入如下内容：

```
USE xsgl;
CREATE TABLE student1
(
    Sno    char(9)      PRIMARY KEY,
    Sname  varchar(10)        NOT NULL,
    Sex    bit        NOT NULL,
    Birth   date         DEFAULT '2000-1-1',
    ClsNo  char(7)   NOT NULL,
    Tcredit numeric(4,1)     unsigned
);
```

单击"执行"按钮，在"对象资源管理器"中刷新并展开 xsgl 数据库下的"表"对象，就可看到新创建的数据表，结果如图 3-10 所示。

图 3-10　以命令方式创建数据表

注意：

首先应使用 USE xsgl 语句将数据库 xsgl 指定为当前数据库，然后使用 CREATE TABLE 语句在该数据库中创建表 student1。当前的数据库为"xsgl"，则不需要使用 USE xsgl 语句。

执行命令后，在 xsgl 数据库中就创建了 student1 表，并且当前数据库变成了"xsgl"，此后在 xsgl 数据库中操作不需要使用"USE xsgl"命令。

---

4. 根据现有表创建新数据表

任务要求：在 xsgl 数据库中根据数据表 student 创建一个结构相同的数据表 student2。

实现过程：在 MySQL 命令行窗口中，或者 Navicat for MySQL 中新建一个查询，输入如下内容：

```
USE xsgl;
CREATE TABLE student2 LIKE student;
```

任务三　管理数据表

 任务提出

在实际工作中，经常会出现因为工作任务有变动或工作内容有调整从而要求数据表中要做出相应改变的情况。当数据表中的字段有新的变化时，需要通过修改数据表来实现。

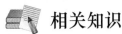 **任务分析**

修改数据表可以在图形界面下进行，也可以通过命令方式完成。本任务的具体要求如下：
- 通过图形界面修改数据表。
- 以命令方式修改数据表。
- 删除数据表。

相关知识

修改表结构包括在原有数据表中增加字段、删除字段和修改已有字段的列属性（字段名、数据类型、是否为空值、主键、默认值等）。

在修改表结构时，若要改变字段的数据类型，要求满足下列条件：

（1）原数据类型必须能够转换为新数据类型。

（2）新数据类型不能为 timestamp 类型。

（3）如果被修改列属性中有"AUTO_INCREMENT"属性，则新数据类型必须是有效的"AUTO_INCREMENT"数据类型。

1．修改表结构

在 MySQL 中修改数据表结构使用 ALTER TABLE 命令，其常用语法格式如下：

```
ALTER TABLE [数据库名.]表名  子命令 ;
```

子命令可以是以下几种情况。

1）增加字段

子命令格式如下：

```
ADD [COLUMN] <新字段定义> [FIRST|AFTER 现有字段]
```

新字段的定义方法与 CREATE TABLE 命令中定义字段的方法相同，一次可以添加多个字段，中间用逗号隔开。

FIRST 指定新字段插入在最前面；AFTER 现有字段指定新字段在现有字段之后插入。如果不指定，则在最后面加入新字段。

2）删除字段

子命令格式如下：

```
DROP [COLUMN] 字段名
```

3）修改字段属性

修改字段属性有几个不同的子命令，分别是如下三种。

（1）修改字段默认值。

```
ALTER [COLUMN] 字段名 SET DEFAULT 默认值 |DROP DEFAULT
```

（2）重新定义字段（不改变字段名）。

```
MODIFY 字段名 <字段定义>
```

（3）重新定义字段（改变字段名）。

```
CHANGE 老字段名 新字段名 <字段定义>
```

注意：

如果表中被修改字段原有数据的数据类型与修改后的字段类型冲突，将导致错误。例如，将原来是 char 类型的字段修改成 int 类型，但原有数据中包含非数字字符，将出现错误。

另外，以命令方式修改字段属性时，未指定的字段属性将使用默认属性值，而不是保留原有属性值。

4）修改表名

子命令格式如下：

```
RENAME [TO] 新表名
```

注意：

MySQL 中允许一条 ALTER TABLE 命令中包含多个子命令，但为了和标准 SQL 保持一致，建议一次只使用一个子命令。

2. 查看表结构

MySQL 中查看表结构使用 DESCRIBE 命令，其语法格式如下：

```
DESCRIBE [数据库名.]表名
```

DESCRIBE 也可简写为 DESC。

另外，MySQL 中还可使用 SHOW CREATE TABLE 命令查看表的创建结构，格式如下：

```
SHOW CREATE TABLE [数据库名.]表名;
```

3. 删除表命令

在 MySQL 中删除数据表使用 DROP TABLE 命令，其常用语法格式如下：

```
DROP TABLE [数据库名.]表名;
```

 任务实施

1. 通过图形界面修改数据表

任务要求 1：将 xsgl 数据库中表 student1 已有字段"Sname"的数据类型从 varchar 修改为 char。

配套解答

实现过程 1：选择 xsgl 数据库并展开，选择表 student1，单击鼠标右键，在弹出的快捷菜单中选择"设计表"选项（见图 3-11），打开"表设计器"窗口。找到 Sname 字段，在"类型"下输入"char"，保存修改（见图 3-12）。

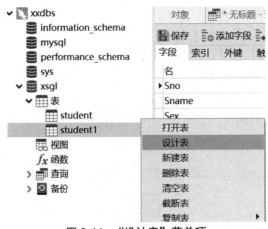

图 3-11　"设计表"菜单项

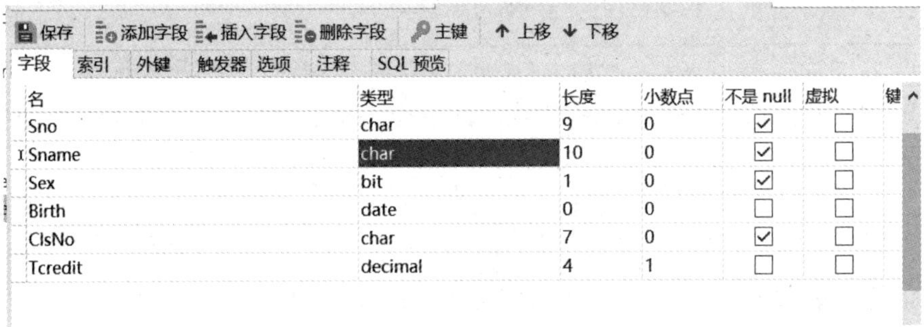

名	类型	长度	小数点	不是 null	虚拟	键
Sno	char	9	0	☑	☐	
Sname	char	10	0	☑	☐	
Sex	bit	1	0	☑	☐	
Birth	date	0	0	☐	☐	
ClsNo	char	7	0	☑	☐	
Tcredit	decimal	4	1	☐	☐	

图 3-12　"表设计器"窗口

任务要求 2：为 xsgl 数据库中表 student1 增加字段"Telnum"，数据类型为 char(11)，放在字段"Birth"后面。

实现过程 2：同前面的操作，打开"表设计器"窗口。选中字段"Birth"的下一行（即字段"ClsNo"），单击鼠标右键，在快捷菜单中选择"插入字段"选项（见图 3-13），在产生的空白行中填入字段"Telnum"的信息（见图 3-14）。关闭"表设计器"窗口，保存修改。

图 3-13　"插入字段"选项

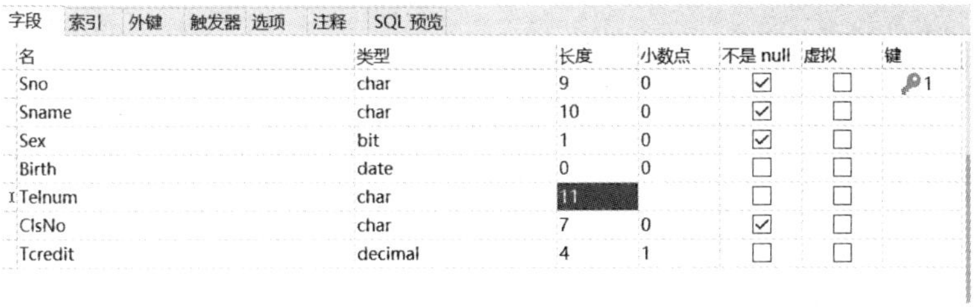

图 3-14　增加 Telnum 字段

任务要求 3：将 xsgl 数据库中表 student1 的字段"Telnum"删除。

实现过程 3：同前面的操作，打开"表设计器"窗口。选中字段"Telnum"，单击鼠标右键，在快捷菜单中选择"删除字段"（见图 3-15）。关闭"表设计器"窗口，保存修改。

图 3-15　"删除字段"选项

2. 通过命令方式修改数据表

任务要求 1：在 xsgl 数据库的 student1 表的最后增加字段"Telnum"，数据类型为 char(11)，不可以为空。

实现过程 1：新建一个查询，在查询窗口中输入如下 SQL 语句并执行：

```
ALTER TABLE student1 ADD Telnum char(11) NOT NULL;
```

任务要求 2：在 xsgl 数据库的 student1 表的字段"Tcredit"和"Telnum"之间插入字段"Address"，数据类型为 varchar(50)。

实现过程 2：新建一个查询，在查询窗口中输入如下 SQL 语句并执行：

```
ALTER TABLE student1 ADD Address varchar(50) BEFORE Telnum;
```

　或

```
ALTER TABLE student1 ADD Address varchar(50) AFTER Tcredit;
```

任务要求 3：将 xsgl 数据库中 student1 表的字段"Telnum"数据类型由 char(11)改为 varchar(11)。

实现过程 3：新建一个查询，在查询窗口中输入 SQL 语句并执行：

```
ALTER TABLE student1 MODIFY Telnum varchar(11) NOT NULL;
```

任务要求 4：将 xsgl 数据库的 student1 表的字段"Address"更名为"Adr"，同时将数据

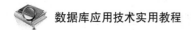

类型改为 varchar(100)。

实现过程 4：新建一个查询，在查询窗口中输入 SQL 语句并执行：

```
ALTER TABLE student1 CHANGE Address Adr varchar(100);
```

任务要求 5：将 xsgl 数据库中 student1 表的字段"Telnum"删除。

实现过程 5：新建一个查询，在查询窗口中输入如下 SQL 语句并执行：

```
ALTER TABLE student1 DROP Telnum;
```

任务要求 6：将 xsgl 数据库的 student1 表的字段"ClsNo"添加一个默认约束，设默认值为"00000"。

实现过程 6：新建一个查询，在查询窗口中输入如下 SQL 语句并执行：

```
ALTER TABLE student1
ALTER clsno SET DEFAULT "00000".;
```

任务要求 7：将 xsgl 数据库的 student1 表的字段"ClsNo"的默认值删除。

实现过程 7：新建一个查询，在查询窗口中输入如下 SQL 语句并执行：

```
ALTER TABLE student1 ALTER clsno DROP DEFAULT ;
```

任务要求 8：将 xsgl 数据库的 student1 表更名为 stu2。

实现过程 8：新建一个查询，在查询窗口中输入如下 SQL 语句并执行：

```
ALTER TABLE student1 RENAME stu2;
```

3. 查看数据表结构

任务要求 1：查看数据库 xsgl 中 student1 表的结构。

实现过程 1：新建一个查询，在查询窗口中输入如下 SQL 语句并执行：

```
DESC student1;
```

任务要求 2：查看数据库 xsgl 中 student1 表的创建结构。

实现过程 2：新建一个查询，在查询窗口中输入如下 SQL 语句并执行。

```
SHOW CREATE TABLE student1;
```

4. 删除数据表

任务要求：将数据库 xsgl 中 student1 表删除。

实现过程：

方法 1：在 Navicat for MySQL 左侧的"对象"栏中展开数据库链接，选择 xsgl 数据库并展开，选择表 student1，单击鼠标右键，在弹出的快捷菜单上选择"删除表"选项（见图 3-16）。系统弹出"删除对象"窗口。单击"确定"按钮即可删除指定表。

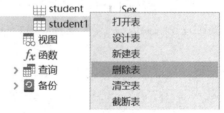

图 3-16　"删除表"选项

方法 2：在"查询分析器"窗口中输入如下 SQL 语句并执行：

```
DROP TABLE student1;
```

任务四 表数据操作

 任务提出

数据表创建完成后，可以用来存放和管理数据。可以向表中输入数据，也可以修改表中已有数据，对于不需要的数据，也可进行删除。

 任务分析

本任务的具体要求如下：
- 向表中插入数据。
- 修改表中数据。
- 删除表中数据。

 相关知识

数据库中对表数据的管理包括数据的添加、修改和删除。在 MySQL 中既可以通过 SSMS 来实现，也可以通过命令方式完成，可以使用的命令包括 INSERT、UPDATE、DELETE。

1. 插入记录

在 MySQL 中插入记录使用 INSERT 命令，其常用语法格式如下：

```
INSERT [ INTO ] 表名 [字段列表]
VALUES ( DEFAULT | NULL | 表达式 … );
```

（1）INTO 关键字为可选。INTO 关键字无真正含义，目的是为增强这个语句的可读性，建议在语句中加入该关键字。

（2）字段列表指定哪些字段要填入数据，并指定数据顺序。如果省略，则表示所有字段，按表中实际顺序排列。

（3）VALUES 中指定要填入的数据。数据个数必须与字段表中个数一致，并且顺序要对应。

另外，也可使用以下格式：

```
INSERT INTO 表名
SET 字段名 1 = 值 1[,字段名 2 = 值 2,…];
```

这种格式用于直接给表中的某些字段指定对应的字段值，即要插入的数据的字段名在 SET 子句中指定，等号前为指定的字段名，等号后面为指定的数据。对于未指定的字段，字段值会指定为该字段的默认值或者空值。

除了在插入命令中输入新的数据，也可以使用 INSERT 命令结合 SELECT 子句，直接从另一张表中复制数据，命令格式如下：

```
INSERT [ INTO ]  表名 [字段列表] SELECT 子句;
```

2. 修改记录

在 MySQL 中修改记录使用 UPDATE 命令，其常用语法格式如下：

```
UPDATE  表名 SET  字段名1=表达式1[,字段名2=表达式2, … ]
[ WHERE 查找条件 ] [ ORDER BY 排序规则 ] [ LIMIT 范围 ];
```

其中：

（1）SET 子句用于指定要修改的字段名和修改后的新数据。可以指定多个字段同时修改。

（2）WHERE 子句用于指定查找条件。使用 WHERE 子句将只对满足查找条件的记录进行修改。若省略该子句，则对表中的所有记录进行修改。

（3）ORDER BY 子句用于指定排序规则，可以影响表中的行被修改的次序，具体用法将在后面的数据查询中介绍。

（4）LIMIT 子句用于指定操作范围，可以限定被修改的行数，具体用法将在后面的数据查询中介绍。

3. 删除记录

在 MySQL 中删除记录使用 DELETE 命令，其常用语法格式如下：

```
DELETE FROM 表名 | 视图名
[ WHERE 查找条件 ] [ ORDER BY 排序规则 ] [ LIMIT 范围 ];
```

WHERE 子句、ORDER BY 子句、LIMIT 子句的功能和 UPDATE 命令中相同。

4. 清除表记录

在 MySQL 中清除表记录使用 TRUNCATE TABLE 命令，其常用语法格式如下：

```
TRUNCATE TABLE 表名;
```

注意：

DELETE 可以指定条件只删除部分记录，而 TRUNCATE TABLE 能将记录全部清除。

DELETE 删除记录是逐条进行的，而 TRUNCATE TABLE 是将所有记录作为一个整体删除的。

DELETE 可以用于表也可以用于视图，TRUNCATE TABLE 只能用于表。

表中字段是自动编号的，DELETE 删除记录后自动编号不恢复到初始值，而 TRUNCATE TABLE 删除记录后自动编号恢复到初始值。

 任务实施

1. 插入数据

任务要求 1：在数据库 xsgl 的 student 表中插入数据。具体数据见表 3-6。

配套解答

表 3-6　student 表数据

Sno	Sname	Sex	Birth	ClsNo	Tcredit
183067113	洪玉洁	0	1999-10-15	1813201	14
183067114	张泽斌	1	2000-1-28	1813201	14
183067115	赵一鹏	1	2000-4-11	1813201	12
185067201	何晨光	1	1999-12-12	1813202	14
185067203	陈高杰	1	2000-7-8	1813202	14
185067220	钱如意	0	2000-5-27	1813202	12
184061211	李邦国	1	1999-11-7	1824201	15
184061217	余喜悦	0	2000-6-13	1824201	15

实现过程 1：在"对象资源管理器"中展开"数据库"对象，选中 xsgl 数据库并展开，选择表 student，单击鼠标右键，在弹出的快捷菜单中选择"打开表"选项（见图 3-17），就会出现表 student 的数据编辑界面（见图 3-18）。

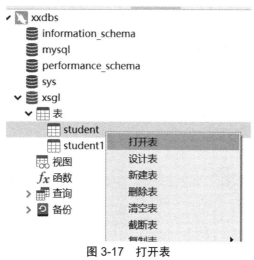

图 3-17　打开表

图 3-18　数据编辑界面

将表 3-6 中的数据逐个输入即可。完成后的结果如图 3-19 所示。

Sno ▲	Sname	Sex	Birth	ClsNo	Tcredit
▶18306↑	洪玉洁	0	1999-1(	1813201	14.0
18306↑	张泽斌	1	1900-01	1813201	14.0
18306↑	赵一鹏	1	1900-01	1813201	12.0
18406↑	李邦国	1	1900-01	1824201	15.0
18406↑	余喜悦	0	1900-01	1824201	15.0
18506↑	何晨光	1	1900-01	1813202	18.0
18506↑	陈高杰	1	1900-01	1813202	14.0
18506↑	钱如意	0	1900-01	1813202	12.0

图 3-19　输入数据

注意：

没有输入数据的记录所有字段显示为灰色默认值 "NULL"，输完一行才能进入下一行。

表中的 Sno、Sname、Sex、ClsNo 不允许为空值，所以必须为该字段输入值，否则不能进入下一行，系统会显示错误信息，如图 3-20 所示。允许为空值的字段可以暂时不填，如果有默认值会自动填入默认值。

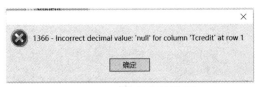

图 3-20　不能为空值错误

Sex 字段为 "bit" 类型，只能输入 "1" 或者 "0"。

输入字符个数不能超出字段定义的长度，否则系统会显示错误信息，如图 3-21 所示。

图 3-21　超出字段长度错误

Sno 字段是主键，不能出现重复值，否则在光标试图定位到下一行时系统会显示错误信息，如图 3-22 所示。

图 3-22　主键错误

任务要求 2：使用命令方式向 xsgl 数据库的表 student 中插入如下一行数据：

```
185067221, 王点点, 0, 1999-12-10, 1813202, 14
```

实现过程 2：新建一个查询，在查询窗口中输入如下 SQL 语句并执行：

```
INSERT INTO student
VALUES('185067221', '王点点', 0, '1999-12-10', '1813202', 14);
```

注意：

字符型数据和日期时间型数据要用引号括起来。

命令不可重复执行，否则系统会显示错误信息。

任务要求 3：使用命令方式向 xsgl 数据库的表 student 中插入如下两行数据：

```
184061101, 李丽, 0, 1999-10-31, 1824101, NULL
184061102, 张壮壮, 1, 2000-5-1, 1824101, NULL
```

实现过程 3：新建一个查询，在查询窗口中输入如下 SQL 语句并执行：

```
INSERT INTO student
VALUES('184061101','李丽', 0, '1999-10-31','1824101',NULL),
('184061102', '张壮壮', 1, '2000-5-1', '1824101', NULL);
```

或者

```
INSERT INTO student (Sno,Sname,Sex,Birth,ClsNo)
VALUES('184061101','李丽', 0, '1999-10-31','1824101'),
('184061102', '张壮壮', 1, '2000-5-1', '1824101');
```

想一想：

在第二种方法中，为什么要指定字段名表？必须要按这个顺序排列吗？

任务要求 4：在 xsgl 数据库中，使用命令方式将表 student 中所有男生的全部数据插入表 student1 中。

实现过程 4：新建一个查询，在查询窗口中输入如下 SQL 语句并执行：

```
INSERT INTO student1
SELECT  *  FROM student WHERE Sex= 1;
```

注意：

将查询结果插入表 student1 时，表 student1 的结构必须要和查询结果的数据相匹配，否则会失败。

想一想：

在查询子句中指定条件时，为什么用"Sex=1"来表示男生，而不是写成"Sex=True"？

2. 修改记录

任务要求 1：在 xsgl 数据库中，将表 student1 中"赵一鹏"的学分（Tcredit）修改为 13。

实现过程 1：

方法一：在 Navicat for MySQL 中打开表 student1 的数据编辑界面，找到

配套视频

"Sname"值为"赵一鹏"的记录，将"Tcredit"字段中的数据改为 13 即可。

方法二：输入如下 SQL 语句并执行：

```
UPDATE student1 SET Tcredit = 13
WHERE Sname="赵一鹏";
```

任务要求 2：在 xsgl 数据库中，用命令方式将表 student1 中所有学生的学分（Tcredit）增加 2 分。

实现过程 2：新建一个查询，在查询窗口中输入如下 SQL 语句并执行：

```
UPDATE student1
SET Tcredit = Tcredit + 2;
```

想一想：

如果不用命令而是通过图形界面操作，能完成这个任务吗？比较一下命令方式和图形方式的优缺点。

练一练

在 xsgl 数据库中，将表 student 中所有女生的学分（Tcredit）增加 2 分。

---

3. 删除记录

任务要求 1：在 xsgl 数据库中，将表 student1 中"赵一鹏"的记录删除。

实现过程 1：在 Navicat for MySQL 中打开表 student1 的数据编辑界面，找到"Sname"值为"赵一鹏"的记录，将"赵一鹏"的记录删除即可，如图 3-23、图 3-24 所示。

配套视频

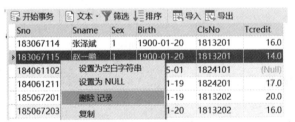

图 3-23　删除记录

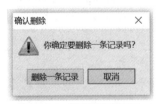

图 3-24　确认删除记录

注意：

在记录上单击鼠标右键时要确保整条记录被选中，而不是只选中部分数据，否则删除的是数据而不是记录。

任务要求 2：在 xsgl 数据库中，用命令方式将表 student1 中学分（Tcredit）为空值的记录

删除。

实现过程 2：新建一个查询，在查询窗口中输入如下 SQL 语句并执行：

```
DELETE  FROM  student1
WHERE Tcredit is NULL;
```

注意：

条件"学分为空值"应该写成"Tcredit is NULL"，而不能写成"Tcredit = NULL"。

想一想：

如果不指定 WHERE 子句会怎样？

4. 清除表记录

任务要求：在 xsgl 数据库中，将表 student1 的数据清空。

实现过程：新建一个查询，在查询窗口中输入如下 SQL 语句并执行：

```
TRUNCATE TABLE student1;
```

想一想：

还有其他的方法实现吗？

习　题

一、选择题

1. MySQL 中表和数据库的关系是（　　）。

A. 一个数据库可以包含多个表　　　　B. 一个表只能包含两个数据库

C. 一个表可以包含多个数据库　　　　D. 一个数据库只能包含一个表

2. 表在数据库中是一个非常重要的数据对象，它用来（　　）各种数据内容。

A. 显示　　　　　B. 查询　　　　　C. 检索　　　　　D. 存放

3. 语句"ALTER TABLE 表名 ADD 列名列的描述"可以向表中（　　）。

A. 删除一个列　　　B. 添加一个列　　　C. 修改一个列　　　D. 添加一张表

4. 语句 DROP TABLE 可以（　　）。

A. 删除一张表　　　B. 删除一个视图　　　C. 删除一个索引　　　D. 删除一个游标

5. "学号"字段中含有"1""2""3"等值，则在表的设计器中，该字段可以设置成数值类型，也可以设置为（　　）类型。

A. money　　　　　B. char　　　　　C. text　　　　　D. datetime

6. 表中某一字段设为主键后，则该字段值（　　）。

A. 必须是有序的　　B. 可取值相同　　　C. 不能取值相同　　　D. 可为空

7. 下列哪一种约束能确保表的对应的字段的值在某一范围内？（　　　）

A. DEFUALT　　　　B. CHECK　　　　C. PRIMARY KEY　　D. FOREIGN KEY

8. 在 SQL 语言中，删除表的对应语句是（　　　）。

A. DELETE　　　　B. CREATE　　　　C. DROP　　　　D. ALTER

9. 在 SQL 语言中，修改表中数据的语句是（　　　）。

A. UPDATE　　　　B. ALERT　　　　C. SELECT　　　　D. DELETE

10. 在 SQL 语言中，若要修改某张表的结构，应该使用的语句是（　　　）。

A. ALTER DATABASE　　　　　　　　B. CREATE DATABASE

C. CREATE TABLE　　　　　　　　　D. ALTER TABLE

二、简答题

1. 比较定长字符型和变长字符型优缺点。
2. 精确数值型和浮点型数据有何异同。

三、操作题

现有数据库 stin，它由三张表学生信息表（Student）、选课信息表（Sel）和课程信息表（Course）组成。其表结构分别如表 3-7～表 3-9 所示。

表 3-7　学生信息表（Student）

列标题	列名	数据类型	长度	允许空值	说明
学号	Sno	char	8	×	主键
姓名	Sname	varchar	8	×	
性别	Sex	char	1	√	M 或 F
出生日期	Birthday	date		√	
系别	Sdept	varchar	20	√	默认：Computer

表 3-8　选课信息表（Sel）

列标题	列名	数据类型	长度	允许空值	说明
学号	Sno	char	8	×	
课程号	Cno	char	10	×	
成绩	Grade	decimal	5，2	√	

表 3-9　课程信息表（Course）结构

列标题	列名	数据类型	长度	允许空值	说明
课程号	Cno	char	10	×	
课程名	Cname	varchar	30	×	
学分	Credit	tinyint			1~5 之间

表间关系如下：一个学生有且仅有一条信息，所有在校生的信息都在学生信息表中；一门课程只能有一个编号，所有开设课程的信息都在课程信息表中；一个学生可以选修多门课程，一门课程可以被多个学生选修，选课及成绩信息记录在选课信息表中。请完成下列操作：

　　（1）创建上述三张表。

　　（2）将 Cno 设为课程信息表（Course）的主键。

　　（3）在三张表中任意插入一些数据。

　　（4）用命令方式在课程信息表（Course）中插入一条记录：

```
'DCT03','数控技术实践',4;
```

　　（5）请用 UPDATE 语句将学号为"1125"的学生的"数据库系统"课程成绩修改为 85。

　　（6）以命令方式删除选课信息表（Sel）中不及格的记录。

　　（7）以命令方式在学生信息表（Student）中增加一个字段 Address，数据类型为 varchar（30）。

　　（8）以命令方式创建和课程信息表（Course）同结构的新课程信息表（Course1）。

项目四 数据查询

【学习目标】

- 掌握数据查询的方法，能使用 SELECT 命令完成数据查询。
- 掌握查询条件的表示方法，能正确设置查询条件。
- 掌握子查询的应用，能通过子查询完成复杂数据检索。
- 掌握多表连接的方法，能完成数据高级查询。
- 掌握视图的应用，能借助视图操作数据。

【项目描述】

数据库中存放有大量的数据，而在实际工作的过程中，某一时段内我们可能只需要使用其中的一部分数据。另外，为了降低数据冗余，很多有关联的数据可能会存放在不同的数据表中，而某一任务中我们可能需要从多个不同但又相关联的表中来获取需要的数据。快速而准确地将用户所需要的数据筛选出来，是数据库技术的一大优势。

本项目结合实际的工作任务，通过数据查询来为用户提供所需的精确数据，并通过创建视图为用户的日常工作提供方便。内容包括简单数据查询、连接查询、子查询、视图创建等。

任务一 简单数据查询

 任务提出

数据库中的数据多而且庞杂，在实际工作中，一张表里通常会有成千上万条记录，一条记录又包含多项数据（多个字段）。但具体到某一任务时，往往只需要其中的部分记录和部分数据。

 任务分析

要想在海量的数据库数据中提取用户关注的部分数据，必须进行数据查询。在 MySQL 中使用 SELECT 命令来进行数据查询。该命令功能强大，可选子句和参数较多。本任务的具体要求如下：

- 掌握 SELECT 语句的基本格式。
- 能进行简单的单表数据查询。

● 掌握查询条件的应用。

相关知识

1. SELECT 语句的基本格式

在 MySQL 中 SELECT 语句的基本语法主体格式如下：

```
SELECT <输出列>                      --指定查询结果输出列
 [ INTO 变量列表]                    --指定查询结果放入相应变量
 [ FROM { <数据源> } [ ，...] ]      --指定查询数据源，可以是表或视图
 [ WHERE <条件> ]
 [GROUP BY <分组条件> ]
 [ HAVING <分组统计条件>]
 [ ORDER BY <排序顺序>]
[ LIMIT [偏移量,]记录数] ；
```

说明如下：WHERE 子句指定查询条件。根据 WHERE 子句的条件表达式，从 FROM 子句指定的基本表或者视图找出满足条件元组，再按 SELECT 子句罗列出的表达式选出元组中的属性值形成结果表。

GROUP BY 子句指定查询结果分组条件。如果有 GROUP BY 子句，将结果表按分组条件进行划分组，值相同为一组。

如果 GROUP BY 子句带有 HAVING 条件短语，则以组为单位，选出满足条件的组。

如果有 ORDERBY 子句，将结果表按照指定的列标准进行升序或者降序排序。其中，ASC 表示升序，DESC 表示降序，默认为升序。

注意：

各子句的排列顺序必须按上面的顺序进行，可以省略某些子句，但顺序不可以随意调换。

---

2. 指定查询内容

在查询语句中，查询内容可以是以下几种情况：

（1）选择所有列。在 SELECT 语句中，使用"*"表示选择一个表或视图中的所有列。

（2）选择一个表中指定的列。可以在 SELECT 语句中指定一个表中的某些列，各列名之间要以逗号分隔。

（3）计算列值。使用 SELECT 对列进行查询时，在结果中可以输出对列值计算后的值，即 SELECT 语句可使用表达式作为查询结果，格式为：

```
SELECT 表达式[ ，表达式]
```

3. 限定查询结果的显示

1）定义列别名

在 SELECT 语句的查询结果中，默认以字段名作为列标题。但用户可以自己指定列标题，也就是列别名。其格式如下：

```
表达式 AS 列别名
```

AS 也可省略不写，直接用空格分隔。

注意：

当自定义的列标题中含有空格时，必须使用单引号、双引号或单撇号将标题括起来。例如：

```
SELECT Sno AS 'Student number ' FROM student;
```

2）去掉结果集中的重复行

对表只选择某些列时，可能会出现内容完全相同的重复行。例如，在对 xsgl 数据库中的表 student 进行班级（ClsNo）查询时，就出现多行重复的情况。可以通过 DISTINCT 关键字消除结果集中的重复行，其格式如下：

```
SELECT DISTINCT 列名[ , 列名…]
```

关键字 DISTINCT 会对结果集中的数据进行过滤，重复行只保留一个，以保证结果的唯一性。

3）指定结果集返回行数

如果只想在 SELECT 语句返回结果集中的某几行，那么可以使用 LIMIT 选项限制其返回的行数。LIMIT 基本格式如下：

```
LIMIT[偏移量,]记录数
```

其中偏移量是指开始的位置（即记录编号），不指定则从第一条记录开始；记录数则指定了要显示几条记录。如果记录数大于实际可显示的记录条数，则显示到最后一条为止。

注意：

记录编号是从 0 开始的。

4）替换查询结果中的数据

如果希望查询结果以某种特定的值来显示，可以使用查询中的 CASE 表达式，其格式如下：

```
CASE
    WHEN 条件1 THEN 表达式1
    WHEN 条件2 THEN 表达式2
    ......
    ELSE 表达式
END
```

4. 将查询结果保存到变量中

使用 INTO 子句可以将 SELECT 查询所得的结果保存到一个指定的变量中。INTO 子句的格式如下：

```
INTO 变量列表
```

注意：

查询结果的数据个数必须和变量列表个数一致。

---

5. 指定查询条件

1）表达式比较

比较运算符用于比较两个表达式值，共有 9 个，分别是=（等于）、<（小于）、<=（小于等于）、>（大于）、>=（大于等于）、<>（不等于）、!=（不等于）、!<（不小于）、!>（不大于）。比较运算的格式为：

表达式 1 ｛比较运算符｝表达式 2

注意：

text、ntext、image、xml 等类型的数据是不能进行比较的。

2）LIKE 操作符

在查询字符型数据时，经常会使用 LIKE 操作符。LIKE 操作符用于比较字符串是否与指定的字符串相匹配，返回逻辑值 TRUE 或 FALSE。LIKE 操作符在表达式中的格式如下：

表达式[NOT] LIKE 模式串[ESCAPE 转义符]

其中，模式串中会使用通配符来描述字符串的特征，ESCAPE 用来定义字符串中的转义字符。

在 MySQL 中，可使用如表 4-1 所示的通配符。

表 4-1 通配符

通配符	描 述
%	替代一个或多个字符
_	仅替代一个字符

3）REGEXP 操作符

进行模糊查找时，还可以使用 REGEXP 操作符。REGEXP 操作符可以通过正则表达式来指定查找条件。正则表达式的模式匹配功能比 LIKE 操作符的模式匹配功能更为强大，且更加灵活。使用正则表达式进行模糊查询的语法格式如下：

字段名 [NOT] REGEXP [BINARY] '正则表达式'

正则表达式中常用特殊字符如表 4-2 所示。

表 4-2 正则表达式中常用特殊字符

特殊字符	说 明
.	匹配任何单个的字符
^	匹配字符串开始的部分
$	匹配字符串结尾的部分
[字符集合或数字集合]	匹配方括号内的任何字符，可以使用-表示范围。例如，[abc]匹配字符串 "a" "b" 或 "c"。[a-z]匹配任何字母，而[0-9]匹配任何数字
[^字符集合或数字集合]	匹配除了方括号内的任何字符
字符串 1|字符串 2	匹配字符串 1 或者字符串 2

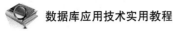
续表

特殊字符	说　明
*	表示匹配 0 个或多个在它前面的字符。例如，x*表示 0 个或多个 x，.*表示匹配任何数量的任何字符
+	表示匹配 1 个或多个在它前面的字符。例如 a+表示 1 个或多个 a 字符
?	表示匹配 0 个或 1 个在它前面的字符。例如 a?表示 0 个或 1 个 a 字符
字符串 {n}	字符串出现 n 次
字符串 {m, n}	字符串至少出现 m 次，最多出现 n 次

4）范围比较

当要查询的条件是某个值的区间范围时，可以使用 BETWEEN 关键字。BETWEEN 关键字用于指出查询范围，格式如下：

```
表达式[ NOT ] BETWEEN 表达式 1 AND 表达式 2
```

当不使用 NOT 时，若"表达式"的值在"表达式 1"与"表达式 2"之间（包括这两个值），则返回 TRUE，否则返回 FALSE；当使用 NOT 时，返回值刚好相反。

注意：
表达式 1 的值必须小于表达式 2 的值。

当要查询的条件是某些值的时候，可以使用 IN 关键字指定一个值表，值表中列出所有允许的值，当与值表中的任何一个匹配时，即返回 TRUE，否则返回 FALSE。使用 IN 关键字指定值表的格式如下：

```
表达式 IN ( 表达式[, …])
```

5）空值比较

当需要判定一个表达式的值是否为空值时，使用 IS NULL 关键字，格式为：

```
表达式 IS [ NOT ] NULL
```

当不使用 NOT 时，若表达式的值为空值，则返回 TRUE，否则返回 FALSE；当使用 NOT 时，结果刚好相反。

注意：
不能使用"表达式=NULL"或"表达式！=NULL"这种形式。

6. 指定查询结果分组方法

如果要将查询结果进行分组，可以使用 GROUP BY 子句。

MySQL 中 GROUP BY 子句的语法格式如下：

```
GROUP BY  <列表达式>[ ASC | DESC ] [WITH ROLLUP]
```

其中，ASC 表示升序排序，DESC 表示降序排序，默认为 ASC；WITH ROLLUP 表示除了聚合操作结果，还提供汇总信息。

7. 聚合函数

聚合函数能对一组值执行计算，并返回单个值。除了 COUNT(*)以外，聚合函数通常都会忽略空值。聚合函数经常与 SELECT 语句的 GROUP BY 子句一起使用。MySQL 所提供的聚合函数如表 4-3 所示。

表 4-3　MySQL 所提供的聚合函数

函数	说明
AVG	返回均值
BIT_AND	返回位与
BIT_OR	返回位或
BTT_XOR	返回位异或
COUNT	返回行数
COUNT(DISTINCT)	返回去重行数
GROUP_CONCAT	分组合并成字符串
JSON_ARRAYAGG	分组合并成 JSON 数组
JSON_OBJECTAGG	分组合并成 JSON 对象
MAX	返回最大值
MIN	返回最小值
STD \STDDEV\STDDEV_POP	返回总体标准差
STDDEV_SAMPO	返回样本标准差
SUM	返回总和
VAR_POP	返回方差
VAR_SAMP	返回样本方差
VARIANCE	返回总体方差

下面介绍其中比较常用的几个。

1）SUM 和 AVG

SUM 和 AVG 分别用于求表达式中所有值项的总和与平均值，语法格式为：

```
SUM /AVG ( [ ALL | DISTINCT ]表达式 )
```

其中，"表达式"可以是常量、列、函数或表达式，其数据类型只能是数值型。

ALL 表示对所有值进行运算，DISTINCT 表示去除重复值，默认为 ALL。

2）MAX 和 MIN

MAX 和 MIN 分别用于求表达式中所有值项的最大值与最小值，语法格式为：

```
MAX / MIN ( [ ALL | DISTINCT ]表达式 )
```

其中，"表达式"可以是常量、列、函数或表达式，其数据类型可以是数字、字符和时间日期类型。

ALL、DISTINCT 的含义及默认值与 SUM/AVG 函数相同。

3）COUNT

COUNT 用于统计组中满足条件的行数或总行数，语法格式为：

```
COUNT ( { [ ALL | DISTINCT ]表达式 } | * )
```

其中，"表达式"的数据类型是除 text、image 或 ntext 之外的任何类型。

ALL、DISTINCT 的含义及默认值与 SUM/AVG 函数相同。

4）GROUP_CONCAT

GROUP_CONCAT 的作用是将统计组中的所有数据（不包括空值）组合成一个长字符串形式返回，数据之间用逗号隔开。其语法格式为：

```
GROUP_CONCAT ([ ALL | DISTINCT ]表达式 )
```

ALL、DISTINCT 的含义及默认值与 SUM/AVG 函数相同。

8. 指定查询结果分组后筛选条件

HAVING 语句通常与 GROUP BY 语句联合使用，用来过滤由 GROUP BY 语句返回的记录集。

HAVING 语句的存在弥补了 WHERE 关键字不能与聚合函数联合使用的不足。

HAVING 子句的格式为：

```
[ HAVING <查询条件> ]
```

其中，<查询条件>与 WHERE 子句的查询条件类似，不过 HAVING 子句与 WHERE 子句有以下不同。

（1）WHERE 子句的作用是在对查询结果进行分组前，将不符合 WHERE 条件的行去掉，即在分组之前过滤数据，条件中不能包含聚组函数，使用 WHERE 条件显示特定的行。

（2）HAVING 子句的作用是筛选满足条件的组，即在分组之后过滤数据，条件中经常包含聚组函数，使用 HAVING 条件显示特定的组，也可以使用多个分组标准进行分组。

9. 指定查询结果排序顺序

在实际工作中经常要对查询的结果排序输出，例如，将学生成绩由高到低排序。在 SELECT 语句中，可以使用 ORDER BY 子句对查询结果进行排序。ORDER BY 子句的格式如下：

```
ORDER BY 排序表达式 [ ASC | DESC ]
```

其中，"排序表达式"可以是列名、表达式或一个正整数。当它是一个正整数时，表示按表中序号为该正整数的列进行排序。例如，ORDER BY 1 就是说根据 SELECT 命令中字段列表中的第 1 列来进行排序。ASC 表示升序排序，DESC 表示降序排序，默认为 ASC。

10. 指定查询对象

在 SELECT 语句中，使用 FROM 指定查询对象，它可以是下面几种情况。

1）表或视图名

表或视图名指定 SELECT 语句要查询的表或视图，表和视图可以是一个或多个，有关视图的内容将在后面介绍。

2）导出表

导出表指的是在另一个查询中由执行 SELECT 语句而返回的结果集，但必须使用 AS 关键字为该结果集形成的中间表定义一个别名，同时也可为此表的每一列分别指定别名。

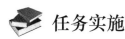 **任务实施**

配套解答

1. 普通查询

任务要求 1：在 xsgl 数据库中，查询表 student 所有内容。

实现过程 1：新建一个查询，在查询窗口中输入如下 SQL 语句并执行：

```
SELECT * FROM student;
```

结果如图 4-1 所示。

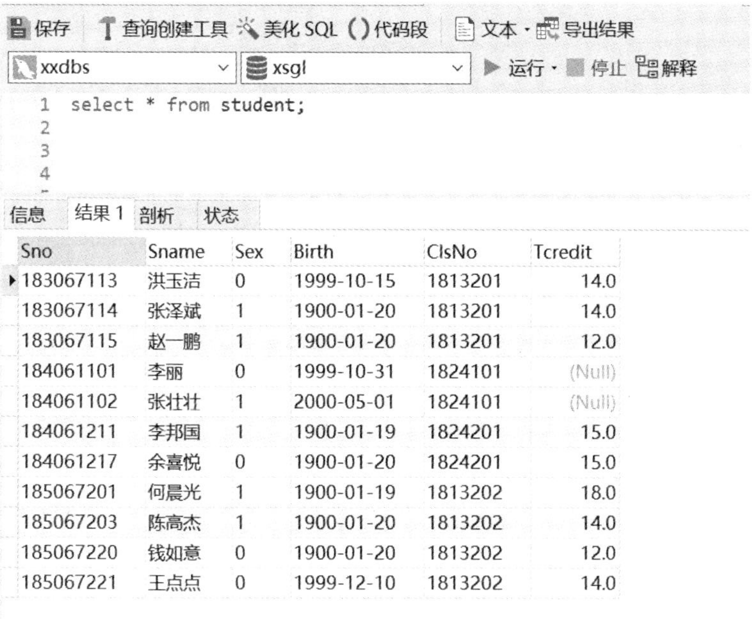

图 4-1 查询所有数据

任务要求 2：在 xsgl 数据库中，查询表 student 中所有同学的 Sno、Sname 和 Tcredit。

实现过程 2：新建一个查询，在查询窗口中输入如下 SQL 语句并执行：

```
SELECT Sno,Sname,Tcredit FROM student;
```

任务要求 3：在 xsgl 数据库中，查询表 student 中所有同学的 Sno、Sname 和 Tcredit，要求标题分别显示为"学号""姓名"和"Tcredit"。

实现过程 3：新建一个查询，在查询窗口中输入如下 SQL 语句并执行：

```
SELECT Sno AS 学号,Sname 姓名, Tcredit FROM student;
```

结果如图 4-2 所示。

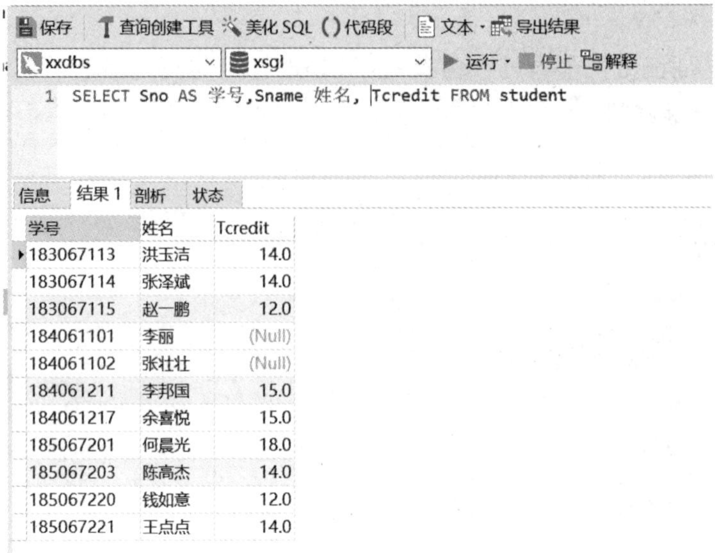

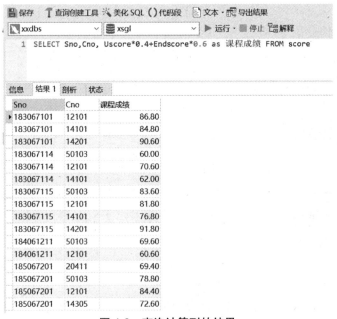

图 4-2　指定查询结果标题

任务要求 4：在 xsgl 数据库中，查询表 score 中所有记录的课程成绩，课程成绩由 Uscore 和 Endscore 分别按 4、6 折算得到。

实现过程 4：新建一个查询，在查询窗口中输入如下 SQL 语句并执行：

```
SELECT Sno,Cno, Uscore*0.4+Endscore*0.6 as 课程成绩 FROM score;
```

结果如图 4-3 所示。

图 4-3　查询计算列的结果

任务要求 5：在 xsgl 数据库中，查询表 score 中所有记录的 Sno，重复的 Sno 只显示一个。

实现过程 5：新建一个查询，在查询窗口中输入如下 SQL 语句并执行：

```
SELECT DISTINCT Sno FROM score;
```

结果如图 4-4 所示。

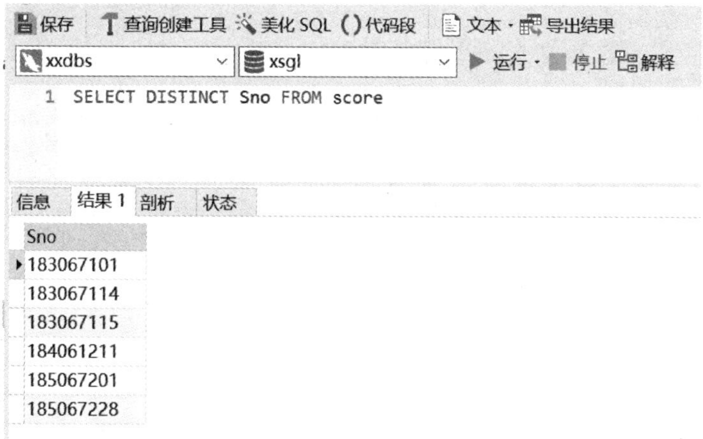

图 4-4　消除重复行

任务要求 6：在 xsgl 数据库中，查询表 student 中前 6 名学生的信息。

实现过程 6：新建一个查询，在查询窗口中输入如下 SQL 语句并执行：

```
SELECT * FROM student LIMIT 6;
```

任务要求 7：在 xsgl 数据库中，将表 student 中第 2 到 6 名学生信息插入到新表 stu1。

实现过程 7：新建一个查询，在查询窗口中输入如下 SQL 语句并执行：

```
INSERT INTO stu1 (SELECT * FROM student LIMIT 1,5);
```

任务要求 8：在 xsgl 数据库中，查询表 score 中各记录的 Endscore，要求 60 分以下显示为"不及格"，60～70 分显示为"及格"，70～85 分显示为"良好"，85～100 分显示为"优秀"。

实现过程 8：新建一个查询，在查询窗口中输入如下 SQL 语句并执行：

```
SELECT Sno,Cno,
(CASE
WHEN Endscore<60 THEN '不及格'
WHEN Endscore>=60 and Endscore<70 THEN '及格'
WHEN Endscore>=70 and Endscore<85 THEN '良好'
ELSE '优秀'
END) as 成绩等级
FROM score;
```

结果如图 4-5 所示。

2. 按条件查询

任务要求 1：在 xsgl 数据库中，查询表 student 中 2000 年后出生的学生的信息。

配套视频

实现过程 1：新建一个查询，在查询窗口中输入如下 SQL 语句并执行：

```
SELECT * FROM student WHERE Birth>='2000-1-1';
```

结果如图 4-6 所示。

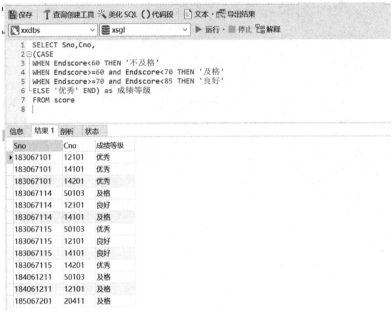

图 4-5　查询结果替代

图 4-6　简单条件查询

任务要求 2：在 xsgl 数据库中，找出表 score 中 Endscore 不在[60，80]之间的记录。

实现过程 2：新建一个查询，在查询窗口中输入如下 SQL 语句并执行：

```
SELECT * FROM score
WHERE Endscore NOT BETWEEN 60 AND 80;
```

想一想：

上面的查询条件还可以怎么指定？

任务要求 3：在 xsgl 数据库中，查询表 student 中 1824101 和 1824201 班（ClsNo）的学生信息。

实现过程 3：新建一个查询，在查询窗口中输入如下 SQL 语句并执行：

```
SELECT * FROM student
WHERE ClsNo IN('1824101', '1824201');
```

结果如图 4-7 所示。

图 4-7　查询条件 IN

想一想：

上面的查询条件还可以怎么指定？

任务要求 4：在 xsgl 数据库中，查询表 student 中没能取得学分的学生信息（Tcredit 为 NULL）。

实现过程 4：新建一个查询，在查询窗口中输入如下 SQL 语句并执行：

```
SELECT * FROM student
WHERE Tcredit IS NULL;
```

任务要求 5：在 xsgl 数据库中，查询表 student 中姓名（Sname）第三个字是"国"字的学生信息。

实现过程 5：新建一个查询，在查询窗口中输入如下 SQL 语句并执行。

```
SELECT * FROM student WHERE Sname LIKE '__国';
```

或者是：

```
SELECT * FROM student WHERE Sname REGEXP '..国';
```

任务要求 6：在 xsgl 数据库中，查询表 student 中学号（Sno）中有"3"的学生信息。

实现过程 6：新建一个查询，在查询窗口中输入如下 SQL 语句并执行：

```
SELECT * FROM student WHERE Sno LIKE '%3%';
```

或是：

```
SELECT * FROM student WHERE Sno REGEXP '3';
```

注意：

在前一种方法中，3 前后必须都要有%。

任务要求 7：在 xsgl 数据库中，查询表 student 中学号（Sno）尾数是奇数的学生信息。

实现过程 7：新建一个查询，在查询窗口中输入如下 SQL 语句并执行：

```
SELECT * FROM student
WHERE Sno REGEXP '[13579]$';
```

练一练：

（1）在 xsgl 数据库中，找出表 student 中不是 4 月出生的学生信息。

（2）在 xsgl 数据库中，找出表 student 中学号（Sno）不含奇数的学生信息。

3. 聚合函数应用

任务要求 1：在 xsgl 数据库中，求出表 course 中所有课程的总学分。

实现过程 1：新建一个查询，在查询窗口中输入如下 SQL 语句并执行：

配套视频

```
SELECT SUM(Credit) as 总学分 FROM course;
```

任务要求 2：在 xsgl 数据库中，求出表 score 中每个学生的平均分（Endscore）。

实现过程 2：新建一个查询，在查询窗口中输入如下 SQL 语句并执行：

```
SELECT Sno, AVG(Endscore) as 平均分 FROM score
GROUP BY Sno;
```

结果如图 4-8 所示。

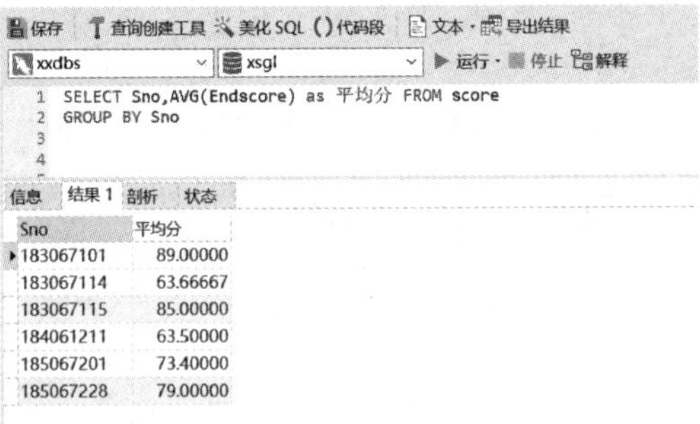

图 4-8　分组求平均值

任务要求 3：在 xsgl 数据库中，求出表 score 中每门课程的最高分和最低分（Endscore）。

实现过程 3：新建一个查询，在查询窗口中输入如下 SQL 语句并执行：

```
SELECT Cno, MAX(Endscore) as 最高分 , MIN(Endscore) as 最低分
FROM score
GROUP BY Cno;
```

任务要求 4：在 xsgl 数据库中，求出表 student 中的学生人数和班级数。

实现过程 4：新建一个查询，在查询窗口中输入如下 SQL 语句并执行：

```
SELECT COUNT(*) AS 学生人数,
COUNT(DISTINCT ClsNo) AS 班级数
FROM student;
```

结果如图 4-9 所示。

图 4-9　COUNT 函数应用

任务要求 5：在 xsgl 数据库中，求出表 student 中每个班的男生、女生人数，总人数及学生总人数。

实现过程 5：新建一个查询，在查询窗口中输入如下 SQL 语句并执行：

```
SELECT ClsNo,Sex,COUNT(*) as 学生人数
FROM student
GROUP BY ClsNo,sex WITH ROLLUP;
```

结果如图 4-10 所示。

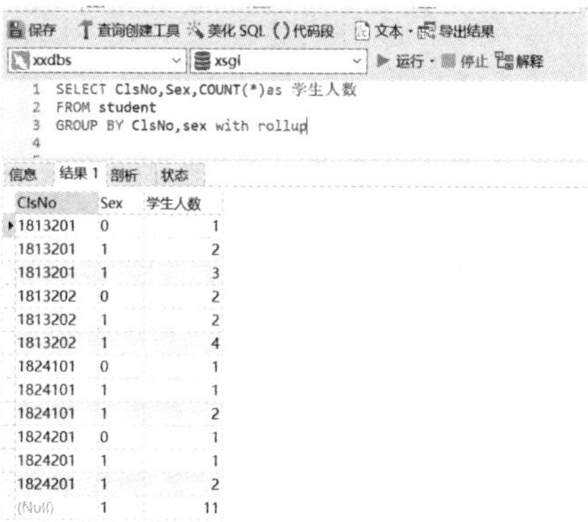

图 4-10　分类汇总

说明：图 4-10 中所示结果，每三行为一个班级人数的统计结果，第一行为班级的女生人数，第二行为班级男生人数，第三行为班级总人数，最后一行（NULL 开头的那一行）是全体学生总人数。

任务要求 6：在 xsgl 数据库中，求出表 student 中每个班的学生人数，并使结果按人数从多到少排序。

实现过程 6：新建一个查询，在查询窗口中输入如下 SQL 语句并执行：

```
SELECT ClsNo,COUNT(*)  as 学生人数
FROM student
GROUP BY ClsNo
ORDER BY 2 DESC;
```

结果如图 4-11 所示。

图 4-11　分类统计排序

任务要求 7：在 xsgl 数据库中，统计表 student 中每个班级人数不少于 20 人的班级编号。

实现过程7：新建一个查询，在查询窗口中输入如下 SQL 语句并执行：

```
SELECT ClsNo,COUNT(*) as 学生人数
FROM student
GROUP BY ClsNo
HAVING COUNT(*)>=20;
```

想一想：

最后的 HAVING 子句也可以写成 HAVING 学生人数>=20，为什么？

任务要求 8：在 xsgl 数据库中，在表 score 中查找取得成绩的课程超过 2 门且成绩都在 70 分以上的学生的学号。

实现过程 8：新建一个查询，在查询窗口中输入如下 SQL 语句并执行：

```
SELECT Sno FROM score
WHERE Endscore>=70
GROUP BY Sno
HAVING COUNT(*)>2;
```

结果如图 4-12 所示。

图 4-12　HAVING 子句应用

想一想：

能不能把两个条件放在同一个子句中？

4. 查询结果排序

任务要求 1：在 xsgl 数据库中，按 Birth 从低到高显示表 student 中所有记录。

实现过程 1：新建一个查询，在查询窗口中输入如下 SQL 语句并执行：

```
SELECT * FROM Student
ORDER BY Birth;
```

任务要求 2：在 xsgl 数据库中，按 Endscore 从高到低显示表 score 中所有记录，如果 Endscore 相同，则按 Sno 从低到高排列。

实现过程 2：新建一个查询，在查询窗口中输入如下 SQL 语句并执行：

```
SELECT * FROM score
ORDER BY Endscore DESC,Sno;
```

结果如图 4-13 所示。

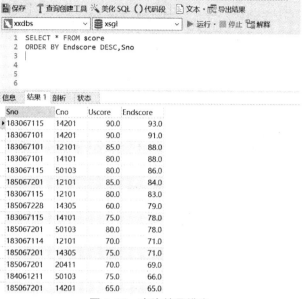

图 4-13　查询结果排序

5. 在查询结果中再次查询

任务要求：在 xsgl 数据库中，从表 student 中查找 Tcredit 不小于 14 的男同学的 Sno 和 Sname，要求标题显示为学号和姓名。

实现过程：新建一个查询，在查询窗口中输入如下 SQL 语句并执行。

```
SELECT tmp.Sno,Tmp.Sname FROM
(SELECT Sno,Sname,Sex FROM student WHERE Tcredit>=14)
AS Tmp
WHERE Tmp.Sex=1;
```

结果如图 4-14 所示。

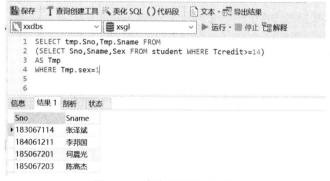

图 4-14　在查询结果中查询

想一想：

查询语句中的两个 WHERE 子句是否可以合并？

任务二　高级数据查询

 任务提出

　　数据库中为降低数据的冗余，通常会将相关联的数据分别存放在不同的数据表内。这样虽然节省了存储空间，但当用户需要使用的数据分散在多张不同的表内时，会造成不便。在实际工作中，这种情况还是很常见的。

 任务分析

　　MySQL 中查询数据时，如果某项任务中要用到的数据分散在不同的表中，可以通过多表连接查询或者子查询等方式来解决。本任务的具体要求如下：
- 掌握多表连接的方法。
- 掌握子查询的含义。
- 能进行复杂的数据查询。

 相关知识

　1．多表连接

　　如果用户所需要的数据来自两个以上的表，那么就要对两个以上的表进行连接，称为多表连接。

　　在 MySQL 中通常使用 JOIN 关键字来指定连接。SQL 扩展了以 JOIN 关键字指定连接的表示方式，使表的连接运算能力有所增强。

　　另外，也可以通过 FROM 子句指定多个表，表示将多个表连接起来。

　　多表连接有以下几种情况。

　1）内连接

　　内连接是在每个表中找出符合条件的共有记录。JOIN 关键字前指定 INNER 关键字来表示连接是内连接，INNER 关键字也可省略。内连接按照 ON 所指定的连接条件合并两个表，返回满足条件的行。

　　FROM 子句指定多个表，同时后面通过 WHERE 子句指定连接条件的情况，也属于内连接。

　　内连接也可以用于多个表的连接。

　2）外连接

　　JOIN 关键字前指定 OUTER 关键字的连接为外连接。外连接的结果表不但包含满足连接条件的行，还包括相应表中的所有行。外连接包括以下 2 种：

　　（1）左外连接（Left Outer Join）。根据左表的记录，在被连接的右表中找出符合条件的记录与之匹配，如果找不到与左表匹配的，用 NULL 表示。结果表中除了包括满足连接条件的行外，还包括左表的所有行。

（2）右外连接（Right Outer Join）。根据右表的记录，在被连接的左表中找出符合条件的记录与之匹配，如果找不到匹配的，用 NULL 填充。结果表中除了包括满足连接条件的行外，还包括右表的所有行。

3）交叉连接

JOIN 关键字前指定 CROSS 关键字的连接为交叉连接。交叉连接实际上是将两个表进行笛卡尔积运算，结果表是由第一个表的每一行与第二个表的每一行拼接后形成的表，因此结果表的行数等于两个表的行数之积。

FROM 子句指定多个表，但不指定连接条件的情况，也属于交叉连接。

2. 子查询

当一个查询是另一个查询的条件时，称为子查询。在 SQL 语言中，一个 SELECT-FROM-WHERE 语句称为一个查询块。当获得一个查询的答案需要多个步骤的操作，首先必须创建一个查询来确定用户不知道但包含在数据库中的值，将一个查询块嵌套在另一个查询块的 WHERE 字句或 HAVING 短语的条件中，查询块称为子查询或内层查询。上层的查询块称为父查询或外层查询。子查询的结果作为输入传递回"父查询"或"外部查询"。父查询将这个值结合到计算中，以便确定最后的输出。

子查询在本质上就是一个完整的 SELECT 语句，它可以使一个 SELECT、SELECT…INTO 语句、INSERT…INTO 语句、DELETE 语句或 UPDATE 语句嵌套在另一个查询中。子查询的输出可以包括一个单独的值（单行子查询）、几行值（多行子查询）或者多列数据（多列子查询）。

SQL 语言允许多层嵌套查询，即一个子查询中还可以嵌套其他子查询。

创建子查询有 4 种语法。

1）带有比较运算符的子查询

带有比较运算符的子查询是指父查询与子查询之间用比较运算符进行连接。当用户确切知道内层查询返回单个值时，可以用>、<、=、>=、<=、!=或<>等比较运算符。

2）带有 ANY（SOME）或 ALL 谓词的子查询

子查询返回单值可以用比较运算符，但返回多值时要用 ANY（有的系统用 SOME）或 ALL 谓词修饰符。而使用 ANY 或 ALL 谓词的时候必须同时使用比较运算符。其语义如表 4-4 所示。

表 4-4　比较运算符的语义

谓词	说明
>ANY	大于子查询结果中的某个值
>ALL	大于子查询结果中的所有值
<ANY	小于子查询结果中的某个值
<ALL	小于子查询结果中的所有值
>=ANY	大于等于子查询结果中的某个值
>=ALL	大于等于子查询结果中的所有值
<=ANY	小于等于子查询结果中的某个值

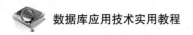

续表

<=ALL	小于等于子查询结果中的所有值
=ANY	等于子查询结果中的某个值
=ALL	等于子查询结果中的所有值
!= （或<>） ANY	不等于子查询结果中的某个值
!= （或<>） ALL	不等于子查询结果中的所有值

3）带有谓词 IN 的子查询

在嵌套查询中，子查询的结构往往是一个集合，所以谓词 IN 是嵌套查询中最经常使用的谓词。

IN 子查询用于判断一个给定值是否在子查询结果集中，格式为：

```
表达式[ NOT ] IN （子查询）
```

当表达式与子查询的结果表中的某个值相等时，IN 谓词返回 TRUE，否则返回 FALSE；若使用了 NOT，则返回的值刚好相反。

4）带有 EXISTS 谓词的子查询

在 TRUE/FALSE 比较中使用 EXISTS 谓词（与可选的 NOT 保留字一道）来决定子查询是否会返回任何记录。EXISTS 谓词用于测试子查询的结果是否为空表，若子查询的结果集不为空，则 EXISTS 返回 TRUE，否则返回 FALSE。EXISTS 还可与 NOT 结合使用，即 NOT EXISTS，其返回值与 EXISTS 刚好相反。

其格式为：

```
[ NOT ] EXISTS （子查询）
```

3. 多个查询结果的处理

如果多个查询的结果具有相同的数据结构，有时候可能需要将查询结果进行合并。在 MySQL 中使用 UNION 子句可以将两个或多个 SELECT 查询的结果合并成一个结果集。

其格式为：

```
SELECT 查询语句 1  UNION [ ALL ]  SELECT 查询语句 2
```

说明：

（1）所有查询中的列数和列的顺序必须相同。

（2）比较的两个查询结果集中的列数据类型可以不同但必须兼容。

（3）比较的两个查询结果集中不能包含不可比较的数据类型的列。

（4）返回的结果集的列名与操作数左侧的查询返回的列名相同。ORDER BY 子句中的列名或别名必须引用左侧查询返回的列名。

（5）通过比较行来确定非重复值时，两个 NULL 值被视为相等。

4. 通用表表达式

通用表表达式（Common Table Express，CTE），将派生表定义在查询的最前面。要使用 CTE 开始创建一个查询，可以使用 WITH 关键字，语法格式如下：

```
[ WITH <通用表表达式> [ , ...] ]
```

```
SELECT......
```

其中：

```
<通用表表达式>::=
表达式名 [ ( 列名[ , ...] ) ]
AS  ( CTE 查询定义 )
```

首先为 CTE 提供一个名称，该名称类似于用于派生表的别名。然后可以提供 CTE 将返回的列名列表；如果 CTE 指定了它的所有返回列，则这是可选操作。然后，在圆括号中添加 CTE 查询的定义，最后添加使用 CTE 的主查询。

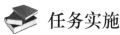 **任务实施**

配套解答

1. 多表连接查询

任务要求 1：在 xsgl 数据库中，查找学过了 10103 号课程且 Endscore 在 75 分以上的学生的学号、姓名及成绩。

实现过程 1：新建一个查询，在查询窗口中输入如下 SQL 语句并执行：

方法一：

```
SELECT student.Sno,Sname,Endscore
FROM student,score
WHERE student.Sno=Score.Sno ;
AND Cno='10103' AND Endscore>75;
```

想一想：

Sno 字段前面必须要加表名作前缀，为什么？

方法二：

```
SELECT A.Sno,Sname,Endscore
FROM student A JOIN score B
ON A.Sno=B.Sno
WHERE Cno='10103' AND Endscore>75;
```

注意：

这里 A 和 B 是分别为两张表 student 和 score 指定的别名。

任务要求 2：在 xsgl 数据库中，查找选修了"计算机基础"课程且 Endscore 在 80 分以上的学生、课程名及成绩。

实现过程 2：新建一个查询，在查询窗口中输入如下 SQL 语句并执行：

```
SELECT A.Sno,Sname,Endscore
FROM student A,score B,course C
WHERE A.Sno=B.Sno AND B.Cno=C.Cno
AND Cname='计算机基础' AND Endscore>80;
```

结果如图 4-15 所示。

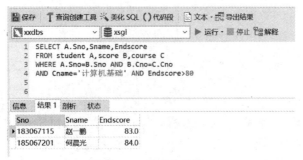

图 4-15 多表内连接

练一练：

请用 JOIN 连接完成上面的任务。

任务要求 3：在 xsgl 数据库中，查找有不同课程但 Endscore 相同的学生的学号、课程号和成绩。

实现过程 3：新建一个查询，在查询窗口中输入如下 SQL 语句并执行：

```sql
SELECT A.Sno,A.Cno,B.Cno,A.Endscore
FROM score A JOIN score B
ON A.Endscore=B.Endscore AND  A.Sno=B.Sno
AND A.Cno!=B.Cno;
```

结果如图 4-16 所示。

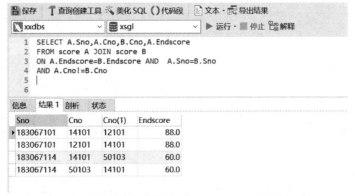

图 4-16 查找有不同课程但 Endscore 相同的学生信息

注意：

可以将一个表与它自身进行连接，称为自连接。

练一练：

请用 WHERE 子句完成上面的任务。

任务要求 4：在 xsgl 数据库中，显示所有学生信息，以及他们取得成绩的课程号，不管学生有没有成绩，都要显示其信息。

实现过程 4：新建一个查询，在查询窗口中输入如下 SQL 语句并执行：

方法 1：左外连接

```
SELECT A.*,B.Cno
FROM student A LEFT JOIN score B
ON A.Sno=B.Sno;
```

方法 2：右外连接

```
SELECT A.*,B.Cno
FROM score B RIGHT JOIN student A
ON A.Sno=B.Sno;
```

注意：

若学生没有任何成绩，则结果表中相应行的 Cno 字段值为 NULL。

练一练：

在 xsgl 数据库中，显示所有课程信息，以及学过这门课程的学生的学号，不管有没有学生学过，都要显示课程信息。

任务要求 5：在 xsgl 数据库中，列出学生和课程之间所有可能的组合。

实现过程 5：新建一个查询，在查询窗口中输入如下 SQL 语句并执行：

```
SELECT A.Sname,B.Cname
FROM student A CROSS JOIN course B;
```

想一想：

本任务还可以怎么实现？

2. 应用子查询

任务要求 6：在 xsgl 数据库中，从表 student 中查找所有男学生的姓名、学号及其与183067113 号学生的总学分差值。

实现过程 6：新建一个查询，在查询窗口中输入如下 SQL 语句并执行：

```
SELECT Sno,Sname,Tcredit-
(SELECT Tcredit FROM student
 WHERE Sno='183067113')
FROM student WHERE Sex=1;
```

任务要求 7：在 xsgl 数据库中，显示学过了课程号为 10103 课程的学生信息：

实现过程 7：新建一个查询，在查询窗口中输入如下 SQL 语句并执行：

```
SELECT * FROM student

WHERE Sno IN
(SELECT Sno FROM score
 WHERE Cno='10103');
```

想一想：

此任务能用多表连接实现吗？

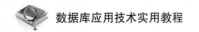

任务要求 8：在 xsgl 数据库中，显示未学过"计算机基础"课程的学生信息。

实现过程 8：新建一个查询，在查询窗口中输入如下 SQL 语句并执行：

```
SELECT * FROM student
WHERE Sno NOT IN
(SELECT Sno FROM score
 WHERE Cno=
 (SELECT Cno FROM course
  WHERE Cname='计算机基础'));
```

注意：

此任务中子查询中又进行了子查询，即子查询的嵌套。

任务要求 9：在 xsgl 数据库中，显示比 1813201 班任何学生年龄都大的学生信息：

实现过程 9：新建一个查询，在查询窗口中输入如下 SQL 语句并执行：

```
SELECT * FROM student
WHERE Birth<ALL
(SELECT Birth FROM student
 WHERE ClsNo='1813201');
```

想一想：

此任务还有别的方法实现吗？

任务要求 10：在 xsgl 数据库中，显示不比 1813201 班所有学生年龄都大的学生信息。

实现过程 10：新建一个查询，在查询窗口中输入如下 SQL 语句并执行：

```
SELECT * FROM student
WHERE Birth>ANY
(SELECT Birth FROM student
 WHERE ClsNo='1813201');
```

想一想：

这里把">ANY"换成"!<ALL"行不行？

任务要求 11：在 xsgl 数据库中，显示 183067113 同学学过的课程信息。

实现过程 11：新建一个查询，在查询窗口中输入如下 SQL 语句并执行：

```
SELECT * FROM course
WHERE EXISTS
(SELECT * FROM score
 WHERE Sno='183067113' AND Cno=course.Cno);
```

任务要求 12：在 xsgl 数据库中，显示学过所有课程的学生信息。

实现过程 12：新建一个查询，在查询窗口中输入如下 SQL 语句并执行：

```
SELECT *  FROM student
WHERE NOT EXISTS
(SELECT * FROM course
 WHERE NOT EXISTS
 (SELECT * FROM score
  WHERE Sno=student.Sno AND Cno=course.Cno));
```

任务要求 13：在 xsgl 数据库中，查找学了与学号为 183067113 的同学所选学的课程完全相同的同学的学号。

实现过程 13：新建一个查询，在查询窗口中输入如下 SQL 语句并执行：

```
SELECT DISTINCT Sno FROM score A
WHERE NOT EXISTS
(SELECT * FROM  score  B
 WHERE B.Sno = '183067113' AND  NOT EXISTS
 (SELECT * FROM score C
  WHERE C.Sno=A.Sno AND C.Cno =B.Cno));
```

结果如图 4-17 所示。

图 4-17　EXISTS 子查询

3. 其他复杂查询

任务要求 1：在 xsgl 数据库中，在表 student 中查找所有男生信息，在表 student1 中查找所有女生信息，合并查询结果。

实现过程 1：新建一个查询，在查询窗口中输入如下 SQL 语句并执行：

```
SELECT * FROM student
WHERE Sex=1 UNION
SELECT * FROM student1
WHERE Sex=0;
```

任务要求 2：在 xsgl 数据库中，查找班级为 1813201 但性别不为男的学生信息。

实现过程 2：新建一个查询，在查询窗口中输入如下 SQL 语句并执行：

```
SELECT * FROM student WHERE ClsNo='1813201' AND SEX=0;
```

任务要求 3：在 xsgl 数据库中，查找总学分不低于 14 且班级为 1813201 的学生信息。

实现过程 3：新建一个查询，在查询窗口中输入如下 SQL 语句并执行：

```
SELECT * FROM student
WHERE ClsNo='1813201' AND Tcredit>=14;
```

任务要求 4：在 xsgl 数据库中，查找在表 student 中，但不在表 student1 中的学生信息。

实现过程 4：新建一个查询，在查询窗口中输入如下 SQL 语句并执行：

```
SELECT * FROM (SELECT * FROM student
 UNION ALL
SELECT * FROM student1
) TEMP GROUP BY Sno HAVING COUNT(*)=1;
```

或是：

```
SELECT * FROM student WHERE NOT EXISTS
(SELECT * FROM student1 WHERE Sno= student.Sno);
```

结果如图 4-18 所示。

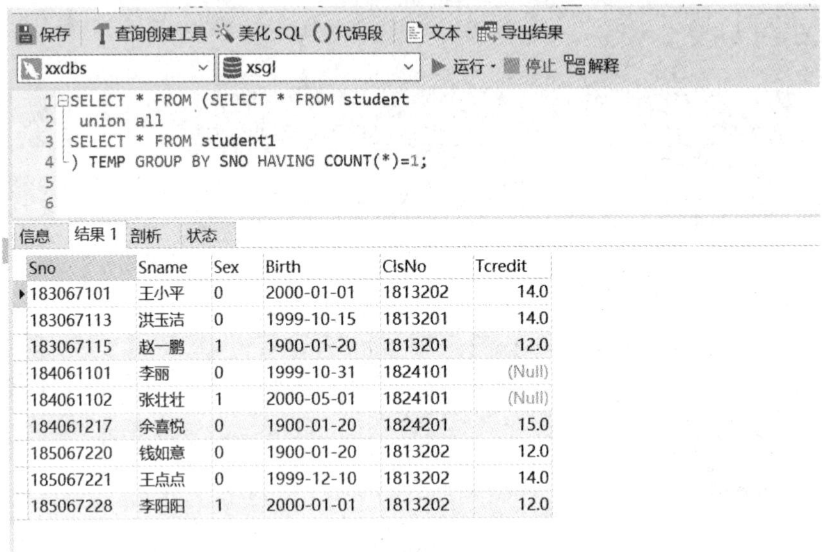

图 4-18　合并查询及导出表的使用

任务三　应用视图

 任务提出

虽然通过 SELECT 命令可以将用户感兴趣的数据查找出来，但查询必须要运行之后才能显示结果，而且该结果也只能用于浏览，而不能对相关数据进行操作。在实际工作中经常会要求某些特定的数据范围内对数据进行操作，仅凭查询是实现不了的。

 任务分析

要想在数据库中将用户关注的部分数据提取出来，并且能够让用户对其进行操作，在 MySQL 中可以通过创建视图来实现。视图看上去非常像数据库的物理表，对它的操作同任何其他的表一样。本任务的具体要求如下：

● 掌握视图的定义。

● 掌握视图的创建方法。
● 能利用视图进行数据操作。

 **相关知识**

1. 视图概念

视图是一个虚拟表，其内容由查询定义。同真实的表一样，视图包含一系列带有名称的列和行数据。但是，视图并不在数据库中以存储的数据值集形式存在。行和列数据来自由定义视图的查询所引用的表，并且在引用视图时动态生成。

从用户角度来看，一个视图是从一个特定的角度来查看数据库中的数据的。从数据库系统内部来看，一个视图是由 SELECT 语句组成的查询定义的虚拟表。从数据库系统外部来看，视图就如同一张表一样，对表能够进行的一般操作都可以应用于视图，如查询、插入、修改、删除等操作。

视图是原始数据库数据的一种变换，是查看表中数据的另外一种方式。可以将视图看成是一个移动的窗口，通过它可以看到感兴趣的数据。视图是从一个或多个实际表中获得的，这些表的数据存放在数据库中。那些用于产生视图的表叫作该视图的基表。一个视图也可以从另一个视图中产生。

视图可以使应用程序和数据库表在一定程度上独立。如果没有视图，应用程序一定是建立在表上的。有了视图之后，应用程序可以建立在视图之上，从而使应用程序与数据库表被视图分割开来。使用视图有下列优点。

（1）为用户集中数据，简化用户的数据查询和处理。有时用户所需要的数据分散在多个表中，定义视图时可将它们集中在一起，从而方便用户进行数据查询和处理。

（2）屏蔽数据库的复杂性。用户不必了解复杂的数据库中的表结构，并且数据库表的更改也不影响用户对数据库的使用。

（3）简化用户权限的管理。只需授予用户使用视图的权限，而不必指定用户只能使用表的特定列，也增加了安全性。

（4）便于数据共享。各用户不必都定义和存储自己所需的数据，而可共享数据库的数据，这样，同样的数据只需存储一次。

（5）可以重新组织数据以便输出到其他应用程序中。

在使用视图时，要注意以下几点。

（1）SELECT 语句不能包含 FROM 子句中的子查询。

（2）SELECT 语句不能引用系统或用户变量。

（3）SELECT 语句不能引用预处理语句参数。

（4）在存储子程序内，定义不能引用子程序参数或局部变量。

（5）在定义中引用的表或视图必须存在。但是，创建了视图后，能够舍弃定义引用的表或视图。要想检查视图定义是否存在这类问题，可使用 CHECK TABLE 语句。

（6）在定义中不能引用 TEMPORARY 表，不能创建 TEMPORARY 视图。

（7）在视图定义中命名的表必须已存在。

（8）不能将触发程序与视图关联在一起。

（9）在视图定义中允许使用 ORDER BY，但是如果从特定视图中进行选择，而该视图使用了具有自己 ORDER BY 的语句，它将被忽略。

2. 创建视图命令

在 SQL 中用于创建视图的语句是 CREATE VIEW 语句，其基本语法格式如下：

```
CREATE VIEW [数据库名.]视图名[ (字段[ , ...] ) ]
AS SELECT 语句[ ; ]
[ WITH [CASCADE|LOCAL] CHECK OPTION ]
```

CREATE VIEW 语句主体结构说明如下：

（1）数据库名。指定视图归属的数据库，一般可省略，默认在当前数据库中。

（2）字段。指定字段名，是指视图中包含的字段，可以有多个字段名。其数量必须与查询结果集中的数据字段个数相等。若不指定则表示使用与源表或视图相同的字段名。

（3）SELECT 语句。用来创建视图的 SELECT 语句，可在 SELECT 语句中查询多个表或视图，以表明新创建的视图所参照的表或视图。

（4）WITH CHECK OPTION。该子句的作用是限定在视图上所进行的修改都要符合 SELECT 语句所指定的限制条件。对于某些视图来说，显示的数据要符合一定的条件。但当通过视图修改数据后，则可能使得该数据不再满足筛选条件。使用该子句可以确保数据修改后，仍可通过视图看到修改的数据。

使用 WITH CHECK OPTION 约束时，可以使用 CASCADED 或者 LOCAL 选项指定检查的程度。

CASCADED：检查所有的视图，会检查嵌套视图及其底层的视图。

LOCAL：只检查将要更新的视图本身，嵌套视图不检查其底层的视图。

不指定选项则默认是 CASCADED。

3. 分区视图

在一般情况下，如果视图为下列格式，则称其为分区视图。

```
CREATE VIEW 视图名
    AS
    SELECT <选择列表 1>
        FROM T1
    UNION ALL
    SELECT <选择列表 2>
        FROM T2
    UNION ALL
    ...
    SELECT <选择列表 n>
        FROM Tn
```

分区视图其实从微观实现方式来说，整个视图所返回的数据有几个平行表（即使几个表有相同表结构，也就是字段和数据类型，但存储行集合不同）进行 UNION 所获得数据集。使用分区视图最大的好处就是提升性能。

需要注意的是，分区视图所涉及的表之间的主键不能重复。

4. 修改视图命令和删除视图命令

修改视图命令语法格式如下：

```
ALTER VIEW [数据库名 .]视图名[ ( 列[ , ...] ) ]
[ WITH <视图属性> [ , ...] ]
    AS SELECT 语句[ ; ]
[ WITH CHECK OPTION ]
```

其中，<视图属性>、SELECT 语句等参数与 CREATE VIEW 语句中的含义相同。

删除视图命令语法格式如下：

```
DROP VIEW [数据库名.]视图名[ ..., ]
```

5. 使用视图操作数据

1）更新视图数据

更新视图数据和更新数据表的数据方式完全一样，可以在图形界面下像表一样进行操作，也可以使用 UPDATE、INSERT、DELETE 等命令来完成，但不是所有的视图都可以进行数据更新操作。

可更新视图必须满足满足以下条件：

（1）创建视图的 SELECT 语句中没有聚合函数，且没有 GROUP BY、UNION 子句及 DISTINCT 关键字。

（2）创建视图的 SELECT 语句中不包含从基本表列通过计算所得的列。

（3）创建视图的 SELECT 语句的 FROM 子句中至少要包含一个基本表。

如果要更新的视图是分区视图，在实现分区视图之前，必须先实现水平分区表。原始表被分成若干个较小的成员表，每个成员表包含与原始表相同数量的列，并且每一列具有与原始表中的相应列同样的特性（如数据类型、大小、排序规则）。

在对视图进行 INSERT、UPDATE、DELETE 操作时，要注意以下几点：

（1）如果视图包含连接，而且只对单个表的列进行操作，则可以使用 UPDATE 操作。而其他情况，最好使用 BEFOR 触发器。

（2）如果视图仅仅引用单个表，并且所有的字段都在视图中或者具有默认值，那么可以使用 INSERT 操作；否则需要使用 BEFORE 触发器。

（3）可以在有限范围内限制是否可以在视图中插入或更新内容。

（4）如果使用了 WITH CHECK OPTION，那么插入和更新必须满足视图的 WHERE 条件。

2）查询视图数据

查询视图数据和查询表数据完全一样，使用 SELECT 命令实现。

在使用视图查询时，若其关联的基本表中添加了新字段，则必须重新创建视图才能查询到新字段。

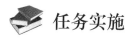

任务实施

1. 创建视图

配套解答

任务要求 1：在 xsgl 数据库中，创建一个视图 studentF 用来显示表 Student 中的所有女生

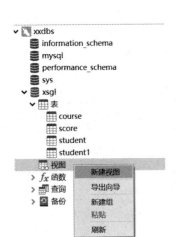

图 4-19　新建视图

信息。

实现过程 1：在"链接"中展开"xxdbs"→"xsgl"，选择其中的"视图"项，单击鼠标右键，在弹出的快捷菜单中选择"新建视图"选项，如图 4-19 所示。

在右侧出现的界面中，选择"视图创建工具"选项卡，在弹出的界面中，将左侧的基本表"student"添加到右侧工作区。

基本表添加完后，在"视图"选项卡的"关系图"区域中显示了基本表的全部列信息。勾选其中的"*（所有列）"。

在下面出现的 WHERE 选项卡中，单击"+"添加条件。在弹出菜单项中选择值"Sex"，并填写值"0"，如图 4-20～图 4-23 所示。

图 4-20　创建视图条件

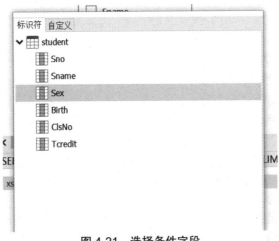

图 4-21　选择条件字段

图 4-22　设置条件

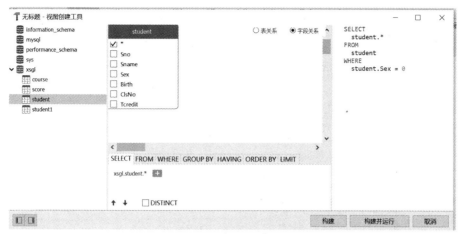

图 4-23 视图设计界面

单击"构建"按钮并运行，再单击"保存"按钮，会出现"视图名"对话框，在其中输入视图名"studentF"，并单击"确定"按钮，便完成了视图的创建，如图 4-24 所示。

刷新视图对象，即可看到刚刚创建的视图了。

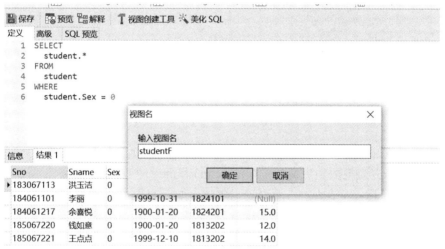

图 4-24 创建视图

任务要求 2：在 xsgl 数据库中，创建一个视图 Tscore 用来显示每个学生的 Sname、Cname 和 Endscore，要求标题显示为姓名、课程名和成绩。

实现过程 2：在"链接"中展开"xxdbs"→"xsgl"，选择其中的"视图"选项，单击鼠标右键，在弹出的快捷菜单中选择"新建视图"选项。

在右侧出现的界面中，单击"视图创建工具"选项，在弹出的视图设计窗口中，将左侧的基本表 student、course 和 score 添加到右侧工作区。

在工作区域中，依次在表 student 中勾选 Sname，表 course 中勾选 Cname，表 score 中勾选 Endscore，如图 4-25 所示。在下面对应行的"别名"中，分别输入"姓名""课程名""成绩"。

关闭视图设计窗口，在"保存视图"对话框中输入视图名 Tscore，并单击"确定"按钮，完成视图的创建。

注意：

因为数据分别来自三张不同的表，所以表之间必须要建立关联（见图 4-25）。因为本例中的表在前面已经设置了外键，MySQL 能自动为它们创建关联。如果没有产生关联，必须要先创建关联。

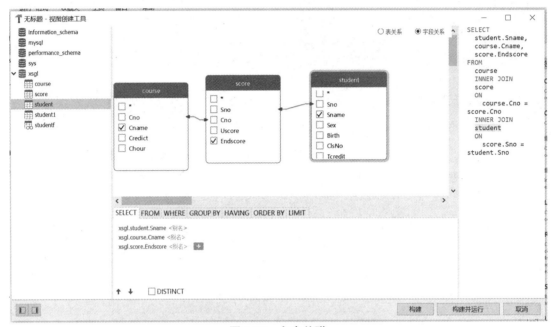

图 4-25　多表关联

任务要求 3：在 xsgl 数据库中，创建测试用户 test1。创建视图 Encrypt 用来显示表 student 中学号（Sno）尾数是奇数的学生信息，指定 definer 为 test1 控制视图安全。

实现过程 3：新建一个查询，在查询窗口中输入如下 SQL 语句并执行：

```
Create user test1;
CREATE definer="test1"
VIEW Encrypt
AS
SELECT * FROM student
WHERE Sno REGEXP '$[13579]';
```

任务要求 4：在 xsgl 数据库中，创建视图 chck 用来显示表 score 中 Endscore 不在[60，80]之间的记录。要保证对该视图的修改都能满足这个条件。

实现过程 4：新建一个查询，在查询窗口中输入如下 SQL 语句并执行：

```
ALTER TABLE score ADD CONSTRAINT ck_es
CHECK(Endscore NOT BETWEEN 60 AND 80);
CREATE VIEW chck
AS
SELECT * FROM score
WHERE Endscore NOT BETWEEN 60 AND 80;
```

刷新视图对象，右键单击"chck"视图，将其中第一行记录的 Endscore 改成 78，则会弹出警告信息。

注意：

MySQL8.0 以上版本的 CHECK 约束才是真实有效的。

任务要求 5：在 xsgl 数据库中，创建视图 Vscore 用来显示表 score 中所有记录的课程成绩，课程成绩由 Uscore 和 Endscore 分别按 4、6 折算得到。要求在视图中显示的标题是"学号""课程号"和"成绩"。

实现过程 5：新建一个查询，在查询窗口中输入如下 SQL 语句并执行：

```
CREATE VIEW Vscore(学号,课程号,成绩)
AS
SELECT Sno,Cno,Uscore*0.4+Endscore*0.6 as 课程成绩 FROM score;
```

任务要求 6：在 xsgl 数据库中，创建分区视图 Vstudent 用来显示表 student 中所有男生信息，及表 student1 中所有女生信息。

实现过程 6：新建一个查询，在查询窗口中输入如下 SQL 语句并执行：

```
CREATE VIEW Vstudent
AS
SELECT * FROM student
WHERE Sex=1 UNION
SELECT * FROM student1
WHERE Sex=0;
```

2. 操作视图数据

任务要求 1：在 xsgl 数据库中，向视图 studentF 中插入以下记录：

```
(' 184061109', '刘莉莉', 0, '1999-6-22', ' 1824101', 14)
```

实现过程 1：新建一个查询，在查询窗口中输入如下 SQL 语句并执行：

```
INSERT INTO student
VALUES(' 184061109', '刘莉莉', 0, '1999-6-22', ' 1824101', 14);
```

想一想：

如果将上面数据中的性别改为 1，结果会怎样？

任务要求 2：在 xsgl 数据库中，将视图 studentF 中 Tcredit 为空的记录中填入 14。

实现过程 2：新建一个查询，在查询窗口中输入如下 SQL 语句并执行：

```
UPDATE studentF
SET Tcredit=14
WHERE Tcredit IS NULL;
```

任务要求 3：在 xsgl 数据库中，将视图 Tscore 中张泽斌的计算机数学成绩改为 60。

实现过程 3：新建一个查询，在查询窗口中输入如下 SQL 语句并执行：

```
UPDATE Tscore
SET 成绩=60
WHERE 姓名='张泽斌' AND 课程名='计算机数学';
```

注意：

在本例中，视图 Tscore 数据来源于三张基本表，对该视图的一次修改只能修改其中一张

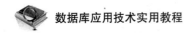

表中的数据，而不能同时修改两张或者三张表中的数据。以下修改是错误的。

```
UPDATE Tscore
SET 成绩=60，课程名='高等数学'
WHERE 姓名='张泽斌' AND 课程名='计算机数学';
```

任务要求 4：在 xsgl 数据库中，删除视图 studentF 中名叫刘莉莉的记录。

实现过程 4：新建一个查询，在查询窗口中输入如下 SQL 语句并执行：

```
DELETE FROM student
WHERE Sname='刘莉莉';
```

任务要求 5：在 xsgl 数据库中，在视图 Tscore 中查找平均成绩高于 80 分的学生姓名。

实现过程 5：新建一个查询，在查询窗口中输入如下 SQL 语句并执行：

```
SELECT 姓名 FROM Tscore
GROUP BY 姓名
HAVING AVG(成绩)>80;
```

3. 修改和删除视图

任务要求 1：通过 Navicat for MySQL，在 xsgl 数据库中，修改视图 studentF，使其显示总学分不低于 14 的记录。

实现过程 1：在 Navicat for MySQL 界面的"链接"中展开"xxds"→"xsgl"，展开其下的"视图"项，选中"studentF"后单击鼠标右键，在弹出的快捷菜单中选择"设计"选项，打开视图创建工具。在"WHERE"选项卡下，选择"Tcredit"选项，符号选择>=，输入值 14，如图 4-26、图 4-27 所示，然后保存即可。

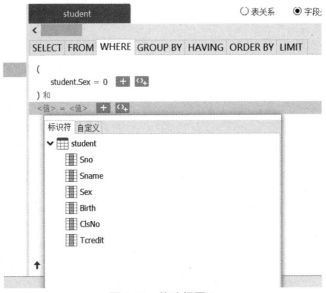

图 4-26　修改视图 1

图 4-27　修改视图 2

任务要求 2：在 xsgl 数据库中，修改视图 Encrypt，使其显示的标题为学号、姓名、性别、出生日期、班级和总学分。

实现过程 2：新建一个查询，在查询窗口中输入如下 SQL 语句并执行：

```
ALTER VIEW Encrypt
(学号,姓名,性别,出生日期,班级,总学分)
AS
SELECT * FROM student
WHERE Sno REGEXP '$[13579]';
```

任务要求 3：通过 Navicat for MySQL，在 xsgl 数据库中，删除视图 Encrypt。

实现过程 3：在 Navicat "链接" 中展开 "xxds" → "xsgl"，展开其下的 "视图" 项，选中 "Encrypt" 后单击鼠标右键，在弹出的快捷菜单中选择 "删除视图" 选项，如图 4-28 所示，出现 "删除" 对话框，单击 "确定" 按钮即可。

图 4-28　删除视图

任务要求 4：在 xsgl 数据库中，以命令方式删除视图 chck。

实现过程 4：新建一个查询，在查询窗口中输入如下 SQL 语句并执行：

```
DROP VIEW chck;
```

习 题

一、选择题

1. 最基本的 SELECT 语句可以是哪两个子句？（ ）

A. SELECT,FROM B. SELECT,GROUP BY

C. SELECT,WHERE D. SELECT,ORDER BY

2. 在 SQL 语言中，用于排序的子句是（ ）。

A. SORT BY B. ORDER BY C. GROUP BY D. WHERE

3. 在 SELECT 查询语句中如果要对得到的结果中某个字段按降序处理，则使用（ ）参数。

A. ASC B. DESC C. BETWEEN D. IN

4. 在 SELECT 语句中，如果要过滤结果集中的重复行，可以在字段列表前面加上（ ）。

A. GROUP BY B. ORDER BY C. DESC D. DISTINCT

5. 下面字符串能与通配符表达式[ABC]_a 进行匹配的是（ ）。

A. BCDEF B. A_BCD C. Aba D. A%a

6. 在 MySQL 中，函数 COUNT 是用来对数据进行（ ）。

A. 求和 B. 求平均值 C. 求个数 D. 求最小值

7. 对表中相关数据进行求和需用到的函数是（ ）。

A. SUM B. MAX C. COUNT D. AVG

8. 在 SQL 语句中，与表达式"仓库号 IN('wh1','wh2')"功能相同的表达式是（ ）。

A. 仓库号='wh1' AND 仓库号='wh2'

B. 仓库号!= 'wh1' OR 仓库号!= 'wh2'

C. 仓库号='wh1' OR 仓库号='wh2'

D. 仓库号!= 'wh1' AND 仓库号!= 'wh2'

9. 若要查询"学生"数据表的所有记录及字段，其 SQL 语句应是（ ）。

A. SELECT 姓名 FROM 学生 B. SELECT * FROM 学生

C. SELECT * FROM 学生 WHERE 1=2 D. 以上皆不可以

10. 设选课关系的关系模式为：选课（学号，课程号，成绩）。下述 SQL 语句中（ ）语句能完成"求选修课超过 3 门课的学生学号"。

A. SELECT 学号 FROM 选课 WHERE COUNT（课程号）＞3 GROUP BY 学号

B. SELECT 学号 FROM 选课 HAVING COUNT（课程号）＞3 GROUP BY 学号

C. SELECT 学号 FROM 选课 GROUP BY 学号 HAVING COUNT（课程号）＞3

D. SELECT 学号 FROM 选课 GROUP BY 学号 WHERE COUNT（课程号）＞3

11. 要查询 book 表中所有书名中包含"计算机"的书籍情况，可用（ ）语句。

A. SELECT * FROM book WHERE book_name LIKE '*计算机*'

B. SELECT * FROM book WHERE book_name LIKE '%计算机%'

C. SELECT * FROM book WHERE book_name ='计算机*'

D. SELECT * FROM book WHERE book_name ='计算机%'

12. 若要将多个 SELECT 语句的检索结果合并成一个结果集，可使用（　　　）语句。

A. DISTINCT　　　　　　　　　　　　B. UNION

C. ORDER BY　　　　　　　　　　　　D. LEFT OUTER JOIN

13. 在 SELECT 语句中与 HAVING 子句通常同时使用的是（　　　）子句。

A. GROUP BY　　　　B. WHERE　　　　C. ORDER BY　　　D. 无须配合

14. 使用 SELECT top 5 * FROM employee 语句得到的结果集中有（　　　）条记录。

A. 10　　　　　　B. 2　　　　　　　C. 5　　　　　　　D. 6

15. 在 SQL 的查询语句中如要指定列的别名，以下语句中错误的是（　　　）。

A. SELECT　　列别名=原列名　　FROM　　数据源

B. SELECT　　原列名　AS　列别名　　FROM　　数据源

C. SELECT　　原列名　　列别名　FROM　　数据源

D. SELECT　　原列名　TO　列别名　　FROM　　数据源

16. 在 SQL 中，下列涉及空值的操作，不正确的是（　　　）。

A. age IS NULL　　　　　　　　　　B. age IS NOT NULL

C. age = NULL　　　　　　　　　　　D. NOT (age　IS NULL)

17. 视图名称（　　　）与该用户拥有的任何表的名称相同。

A. 不得　　　　　B. 有可能　　　　　C. 可以　　　　　D. 根据需要

18. SQL 中的视图提高了数据库系统的（　　　）。

A. 完整性　　　　B. 并发控制　　　　C. 隔离性　　　　D. 安全性

二、操作题

现有数据库 SMS，其中包含的表结构如下所示。

表（一）Student

Sno	Sname	Ssex	Sbirthday	Class

表（二）Course

Cno	Cname	Tno

表（三）Score

Sno	Cno	Degree

表（四）Teacher

Tno	Tname	Tsex	Tbirthday	Prof	Depart

请完成以下查询：

1. 查询 Student 表中的所有记录的 Sname、Ssex 和 Class 列。

2. 查询 Teacher 表教师所在单位不重复的 Depart 列。

3. 查询 Score 表中成绩在 60 到 80 之间的所有记录。

4. 查询 Score 表中成绩为 85、86 或 88 的记录。

5. 查询 Student 表中"95031"班或性别为"女"的同学记录。

6. 以 Cno 升序、Degree 降序查询 Score 表的所有记录。

7. 查询"95031"班的学生人数。

8. 查询 Score 表中的最高分的同学学号和课程号。

9. 查询每门课的平均成绩。

10. 查询 Score 表中至少有 5 名同学选修的并以 3 开头的课程的平均分数。

11. 查询所有同学的 Sname、Cno 和 Degree 列。

12. 查询"95033"班同学的平均分。

13. 查询选修"3-105"课程的成绩高于"109"号同学成绩的所有同学的记录。

14. 查询"张旭"教师任课的学生成绩。

15. 查询选修某课程的同学人数多于 5 人的教师姓名。

16. 查询所有教师和同学的 name、sex 和 birthday。

17. 创建视图，显示 Student 表中不姓"王"的同学的记录。

18. 创建视图，显示 Student 表中每个同学的姓名和年龄。

19. 创建视图，显示 Student 表中最大和最小的 Sbirthday 日期值。

20. 创建视图，显示以班号和年龄从大到小的顺序查询 Student 表中的全部记录。

项目五　优化数据库

【学习目标】

- 掌握索引的定义和作用。
- 掌握索引的创建方法，能通过界面方式和命令方式创建索引。
- 掌握数据完整性的定义和作用。
- 掌握约束的创建和管理方法。

【项目描述】

随着系统规模的不断增加，数据量和并发量不断增大，整个系统架构中最先受到冲击而形成瓶颈的就是数据库。因此数据库层面的优化，是一项非常重要的工作。通过建立和使用索引，可以有效提升数据查询效率；创建约束来保证数据完整性，能减少不必要的错误。

本项目结合实际的工作任务，通过应用索引和实现数据完整性对数据库进行优化，提高数据库性能。内容包括创建索引、索引管理、创建主键、外键等约束以及规则对象的定义、使用与删除等。

任务一　应用索引

 任务提出

在进行查询时如果指定了某种条件，在没有对应索引的情况下，通常必须遍历整个表，直到符合条件的记录被找出为止；有了对应索引的话，就可在索引中查找。由于索引是经过某种算法优化过的，因而查找次数要少得多。

 任务分析

从数据搜索实现的角度来看，索引也是另外一类文件记录，它包含着可以指示出相关数据记录的各种记录。其中，每一条索引都有一个相对应的搜索码，字符段的任意一个子集都能够形成一个搜索码。这样，索引就相当于所有数据目录项的一个集合，它能为既定的搜索码值的所有数据目录项提供定位所需的各种有效支持。

本任务的具体要求如下：

- 学习索引的定义和作用。
- 创建索引。
- 管理索引。

相关知识

一、索引的概念和作用

索引是一种单独的、物理的对数据库表中一列或多列的值进行排序的存储结构，它是某个表中一列或若干列值的集合和相应的指向表中物理标识这些值的数据页的逻辑指针清单。使用索引可快速访问数据库表中的特定信息。数据库索引就好比是一本书前面的目录，能加快数据库的查询速度。

通过建立索引可以极大地提高在数据库中获取所需信息的速度，同时还能提高服务器处理相关搜索请求的效率，应用索引具有以下优点：

（1）在设计数据库时，通过创建一个唯一的索引，能够在索引和信息之间形成一对一的映射式的对应关系，增加数据的唯一性特点。

（2）能提高数据的搜索及检索速度，符合数据库建立的初衷。

（3）能够加快表与表之间的连接速度，这对于提高数据的参考完整性方面具有重要作用。

（4）在信息检索过程中，若使用分组及排序子句时，通过建立索引能有效地减少检索过程中所需的分组及排序时间，提高检索效率。

（5）建立索引之后，在信息查询过程中可以使用优化隐藏器，这对于提高整个信息检索系统的性能具有重要意义。

虽然应用索引在提高检索效率方面具有诸多积极的作用，但创建索引会增加数据库的存储空间，在插入和修改数据时要花费较多的时间。使用索引也会带来如下影响：

（1）在数据库建立过程中，需花费较多的时间去建立并维护索引，特别是随着数据总量的增加，所花费的时间将不断递增。

（2）在数据库中创建的索引需要占用一定的物理存储空间，这其中就包括数据表所占的数据空间以及所创建的每一个索引所占用的物理空间，如果有必要建立起聚簇索引，所占用的空间还将进一步增加。

（3）在对表中的数据进行修改时，例如对其进行增加、删除或者是修改操作时，索引还需要进行动态的维护，这给数据库的维护速度带来了一定的麻烦。

二、索引分类

根据索引对表顺序造成的影响不同，以及索引文件内容的不同，索引可以分普通索引、唯一索引、主键索引、全文索引、空间索引、单一索引和复合索引。

1. 普通索引

普通索引是 MySQL 中最基本的索引，使用 KEY 或 INDEX 定义，不需要添加任何限制条件，其作用是加快对数据的访问速度。

2. 主键索引

它是一种由 PRIMARY KEY 定义的特殊索引，用于根据主键来标识每一条记录，防止数据重复或有空值。如果在 InnoDB 表中数据的保存顺序与主键索引的字段顺序一致，可将这种索引称为聚簇索引。

3. 唯一索引

唯一索引是不允许其中任何两行具有相同索引值的索引。当现有数据中存在重复的键值时，大多数数据库不允许将新创建的唯一索引与表一起保存。数据库还可能防止添加将在表中创建重复键值的新数据。

4. 全文索引

FULLTEXT 索引（即全文索引）用于全文搜索。只有 InnoDB 和 MyISAM 存储引擎支持 FULLTEXT 索引，并且仅适用于 CHAR、VARCHAR 和 TEXT 列。

5. 空间索引

MySQL 在 5.7 之后的版本均可支持空间索引，而且支持 OpenGIS 几何数据模型。

6. 复合索引

复合索引是基于数据库表中的多列创建的索引。复合索引可以区分其中一列可能有相同值的行。如果经常同时搜索两列或多列或按两列或多列排序时，复合索引很有帮助。

7. 单一索引

如果索引的创建是基于数据库表中的某一列，则称为单一索引。

注意：
MySQL 不允许为已经包含重复值的列创建唯一索引。

三、注意事项

索引是建立在数据库表中的某些列的上面的。在创建索引的时候，应该考虑在哪些列上可以创建索引，在哪些列上不能创建索引。一般来说，以下这些列应该创建索引：

（1）在经常需要搜索的列上，可以加快搜索的速度。

（2）在作为主键的列上，强制该列的唯一性和组织表中数据的排列结构。

（3）在经常用于连接的列上，这些列主要是一些外键，可以加快连接的速度。

（4）在经常需要根据范围进行搜索的列上创建索引，因为索引已经排序，其指定的范围是连续的。

（5）在经常需要排序的列上创建索引，因为索引已经排序，这样查询可以利用索引的排序，加快排序查询时间。

（6）在经常使用的 WHERE 子句中的列上面创建索引，加快条件的判断速度。

同样，以下这些列不适合创建索引：

（1）对于那些在查询中很少使用或者参考的列不应该创建索引。这是因为，这些列很少使用到，因此有索引或者无索引并不能提高查询速度。相反，由于增加了索引，反而降低了系统的维护速度和增大了空间需求。

（2）对于那些只有很少数据值的列也不应该增加索引。这是因为，由于这些列的取值很少，例如，人事表的性别列，在查询的结果中，结果集的数据行占了表中数据行的很大比例，即需要在表中搜索的数据行的比例很大，增加索引，并不能明显加快检索速度。

（3）当修改性能远远大于检索性能时，不应该创建索引。这是因为，修改性能和检索性能是互相矛盾的。当增加索引时，会提高检索性能，但是会降低修改性能。当减少索引时，会提高修改性能，但会降低检索性能。因此，当修改操作远远多于检索操作时，不应该创建索引。

四、相关 MySQL 命令

1. CREATE INDEX 创建索引

在 MySQL 中创建索引可以使用 CREATE INDEX 语句，其常用语法格式如下。

```
CREATE [UNIQUE|FULLTEXT|SPATIAL] INDEX 索引名称 [索引类型] ON 表名 (字段列表);
```

说明如下：

UNIQUE 表示创建唯一索引；FULLTEXT 表示创建全文索引；SPATIAL 表示创建空间索引。

索引名称在同一个表中必须是唯一的，不可以有同名索引。

索引类型必须是存储引擎支持的索引类型。MySQL 支持的索引类型有 BTREE 和 HASH。

字段列表指定创建索引的关键字段。可以只对字段的前几个字符来创建索引，例如 "Sname(2)" 就表示根据 Sname 字段的前 2 个字符来创建索引。同时，可通过 ASC 或 DESC 来指定索引关键字的排序方式，前者表示升序，后者表示降序，默认为升序。

注意：

CREATE INDEX 命令不能创建主键索引。

学一学：

1. BTREE 索引

BTREE 索引是 MySQL 数据库中使用最为频繁的索引类型，除 Archive 存储引擎之外的其他所有的存储引擎都支持 BTREE 索引。一般来说，MySQL 中的 BTREE 索引的物理文件大多都是以 Balance Tree 的结构来存储的，也就是所有实际需要的数据都存放于 Tree 的 Leaf Node，而且到任何一个 Leaf Node 的最短路径的长度都是完全相同的。可以利用 BTREE 索引进行全关键字、关键字范围和关键字前缀查询。由于 BTREE 中的节点都是按顺序存储的，所以可以利用索引进行查找（找某些值），也可以对查询结果进行排序。使用 BTREE 索引有以下一些限制：

（1）查询必须从索引的最左边的列开始。

（2）不能跳过某一索引列。

（3）存储引擎不能使用索引中范围条件右边的列。

2. HASH 索引

HASH 索引基于哈希表实现，只有精确匹配索引所有列的查询才有效。对于每一行数据，存储引擎都会对所有的索引列计算一个哈希码（Hash Code），哈希码是一个较小的值，并且不同键值的行计算出来的哈希码也不一样。对于哈希码相同的，采用链表的方式解决冲突，类似于 HashMap。索引的检索可以一次定位，不像 BTREE 索引需要从根节点到枝节点，最后才能访问到页节点这样多次的 IO 访问，所以 HASH 索引的查询效率要远高于 BTREE 索引。

虽然 HASH 索引效率高，但是 HASH 索引本身由于其特殊性也带来了很多限制和弊端。

（1）HASH 索引仅仅能满足"="“IN"和"<=>"查询，不能使用范围查询。

（2）HASH 索引无法被用来避免数据的排序操作。

（3）HASH 索引不能利用部分索引键查询。

（4）HASH 索引在任何时候都不能避免表扫描。

（5）HASH 索引遇到大量 Hash 值相等的情况后性能并不一定就会比 BTREE 索引高。

在 MySQL 中，只有 Memory 存储引擎支持 HASH 索引，是 Memory 表的默认索引类型。

2. CREATE TABLE 创建索引

在 MySQL 中也可以使用 CREATE TABLE 语句在创建表的同时创建索引。其常用语法格式如下：

```
CREATE TABLE 表名 （字段名 数据类型 [UNIQUE|FULLTEXT|SPATIAL] [INDEX|KEY] [索引名称]
（字段列表） …）;
```

KEY 与 INDEX 作用完全相同，其余各项含义与上面的 CREATE INDEX 命令相同。

如果要创建主键索引，则可以直接在相应字段名后加上 PRIMARY KEY。如果是复合主键，则需要单独加一个 PRIMARY KEY（字段列表）子句。

3. ALTER TABLE 创建索引

对于已经创建好的表，MySQL 还可以使用 ALTER TABLE 命令添加索引，其常用语法格式如下：

```
ALTER TABLE 表名
ADD PRIMARY KEY [索引类型]（字段列表）[索引选项]
|ADD INDEX|KEY [索引名称] [索引类型]（字段列表）[索引选项]
|ADD UNIQUE [INDEX|KEY] [索引名称] [索引类型]（字段列表）[索引选项]
|ADD FULLTEXT [INDEX|KEY] [索引名称] （字段列表）[索引选项]
|ADD SPATIAL [INDEX|KEY] [索引名称] （字段列表）[索引选项];
```

上面的各子句可以分别用来添加主键索引、普通索引、唯一索引、全文索引和空间索引。

4. 删除索引

在 MySQL 中删除索引使用 DROP INDEX 语句。其语法格式如下：

```
DROP INDEX 索引名 ON 表名;
```

另外，也可以使用 ALTER TABLE 命令删除索引，其常用语法格式如下：

```
ALTER TABLE 表名 DROP [INDEX|KEY] 索引名称;
```

如果要删除的是主键索引，则直接使用 ALTER TABLE 表名 "DROP PRIMARY KEY"; 即可。

配套解答

任务实施

1. 在 Navicat 中创建索引

任务要求 1：在 xsgl 数据库中，为表 student1 创建一个基于字段 Sno 的普通索引。

实现过程 1：在"链接"中选择 xsgl 数据库展开，右键单击"student1"表，在弹出的快捷菜单中选择"设计表"选项，如图 5-1 所示。

图 5-1 选择"设计表"

在打开的"表设计器"界面中，单击"索引"选项卡。在"名"下输入索引名，单击"字段"，在弹出的对话框中，勾选需要建立索引的字段（Sno），如图 5-2 所示。

图 5-2 选择字段

单击"确定"按钮，返回设计表界面。此时，Sno 字段出现在索引键列框中。在索引类型中选择"NORMAL"，将索引类型设置为普通索引，如图 5-3 所示。

图 5-3 新建索引

单击"保存"按钮，即可看到新创建的索引对象。

任务要求 2：在 xsgl 数据库中，为表 course 创建一个基于字段 Cname 的唯一索引。

实现过程 2：在"链接"中选择 xsgl 数据库展开，右键单击 student1 表，在弹出的快捷菜单中选择"设计表"选项，在打开的"表设计器"界面中，单击"索引"选项卡。在"名"下输入索引名，单击"字段"，在弹出的对话框中，勾选需要建立索引的字段（Cname）。单击"确定"按钮，返回到界面。此时，Cname 字段出现在索引键列框中。在索引类型中选择"UNIQUE"，将索引类型设置为唯一索引，如图 5-4 所示。

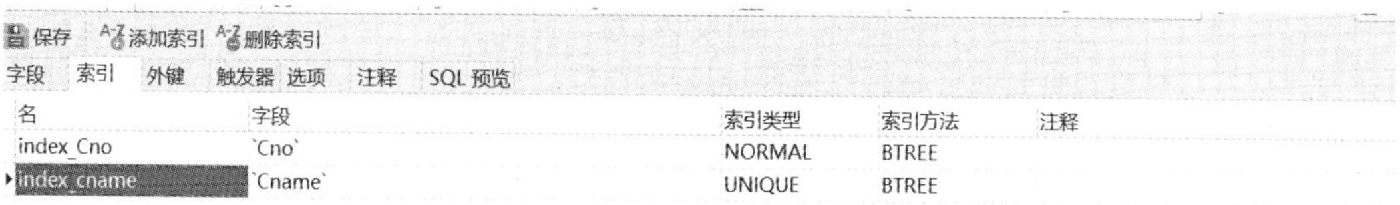

保存	添加索引	删除索引					
字段	索引	外键	触发器	选项	注释	SQL 预览	
名		字段			索引类型	索引方法	注释
index_Cno		`Cno`			NORMAL	BTREE	
index_cname		`Cname`			UNIQUE	BTREE	

图 5-4　唯一索引

2. 以 MySQL 命令方式创建索引

任务要求 1：在 xsgl 数据库中，为表 course 创建一个基于字段 Cno 的普通索引。

实现过程 1：新建一个查询，在查询窗口中输入如下 SQL 语句并执行：

```
CREATE INDEX course_Cno
ON  course (Cno);
```

任务要求 2：在 xsgl 数据库中，为表 course 创建一个基于字段 Cname 的唯一索引。

实现过程 2：新建一个查询，在查询窗口中输入如下 SQL 语句并执行：

```
CREATE UNIQUE INDEX course_Cname
ON  course (Cname);
```

任务要求 3：在 xsgl 数据库中，为表 course 创建字段 Cno 和 Cname 的复合索引。

实现过程 3：新建一个查询，在查询窗口中输入如下 SQL 语句并执行：

```
CREATE INDEX course_Cno
ON course(Cno, Cname);
```

任务要求 4：在 xsgl 数据库中，为表 course 创建只显示学分（Credit）高于 3 分的课程信息的视图，并为该基表创建基于 Cno 的唯一索引。

实现过程 4：新建一个查询，在查询窗口中输入如下 SQL 语句并执行：

```
CREATE VIEW v1
AS
SELECT * FROM course WHERE Credit=3;
CREATE UNIQUE INDEX idx1
ON course(Cno);
```

注意：

不能在 MySQL 视图上创建索引，需要在基表上创建。

3. 删除索引

任务要求 1：在 xsgl 数据库中，删除表 student1 的索引 index_sno。

实现过程 1：在"对象资源管理器"中选择 xsgl 数据库展开，再选择 student1 表并展开，进一步展开下面的"索引"选项卡，选中"index_sno"后单击鼠标右键，在弹出的快捷菜单中选择"删除索引"选项，如图 5-5 所示。

图 5-5 删除索引

在删除确认界面中单击"确定"按钮即可。

任务要求 2：在 xsgl 数据库中，用命令将表 course 的索引 index_Cname 删除。

实现过程 2：新建一个查询，在查询窗口中输入如下 SQL 语句并执行：

```
ALTER TABLE course DROP INDEX index_Cname;
```

任务二 实现数据完整性

 ## 任务提出

数据库中的数据是从外界输入的，而数据的输入由于种种原因，会发生输入无效或错误信息。保证输入的数据符合规定，成为数据库系统，尤其是多用户的关系数据库系统首要关注的问题。

 ## 任务分析

对数据库而言，数据完整性是指数据库中数据在逻辑上的一致性、正确性、有效性和相容性。数据库完整性由各种各样的完整性约束来保证，数据库完整性约束可以通过数据库管理系统来实现，基于数据库管理系统的完整性约束作为模式的一部分存入数据库中。

本任务的具体要求如下：

- 学习数据完整性的定义和作用。
- 实现实体完整性。
- 实现域完整性。
- 实现参照完整性。

 **相关知识**

一、数据完整性的定义和意义

数据完整性是指数据库中数据在逻辑上的一致性、正确性、有效性和相容性。它是应防止数据库中存在不符合语义规定的数据和防止因错误信息的输入/输出造成无效操作或错误信息而提出的。

数据库完整性对于数据库应用系统非常关键，其作用主要体现在以下几个方面。

（1）数据库完整性约束能够防止合法用户使用数据库时向数据库中添加不合语义的数据。

（2）利用基于 DBMS 的完整性控制机制来实现业务规则，易于定义，容易理解，而且可以降低应用程序的复杂性，提高应用程序的运行效率。同时，基于 DBMS 的完整性控制机制是集中管理的，因此比应用程序更容易实现数据库的完整性。

（3）合理的数据库完整性设计，能够同时兼顾数据库的完整性和系统的效能。比如装载大量数据时，只要在装载之前临时使基于 DBMS 的数据库完整性约束失效，此后再使其生效，就能保证既不影响数据装载的效率又能保证数据库的完整性。

（4）在应用软件的功能测试中，数据库完整性有助于尽早发现应用软件的错误。

数据完整性分为四类：实体完整性、域完整性、参照完整性、用户自定义完整性，下面介绍前面 3 种。

二、实体完整性

实体完整性是指保证表中所有的行唯一。实体完整性要求表中的所有行都有一个唯一标识符。这个唯一标识符可能是一列，也可能是几列的组合。也就是说，表中的主键在所有行上必须取唯一值。强制实体完整性的方法有索引、UNIQUE 约束、PRIMARY KEY 约束或 AUTO_INCREMENT 属性。如 student 表中 Sno（学号）的取值必须唯一，它唯一标识了相应记录所代表的学生，学号重复是非法的。

1. PRIMARY KEY 约束

可以选择表中一列或列的组合，其值能唯一地标识表中的每一行。被选中的这样的一列或多列称为主键，可实现表的实体完整性。可以通过定义 PRIMARY KEY 约束来创建主键。

一个表只能有一个 PRIMARY KEY 约束，而且 PRIMARY KEY 约束中的列不能取空值和有重复值。当为表定义 PRIMARY KEY 约束时，MySQL 同时也为主键列创建了唯一索引，以保证数据的唯一性。在查询中使用主键时，该索引可用来对数据进行快速访问。

2. UNIQUE 约束

如果要确保一个表中的非主键列不输入重复值，则应在该列上定义唯一约束（UNIQUE 约束）。

PRIMARY KEY 约束与 UNIQUE 约束的主要区别如下。

（1）一个数据表只能创建一个 PRIMARY KEY 约束，但一个表中可根据需要对表中不同的列创建若干个 UNIQUE 约束。

（2）PRIMARY KEY 字段的值不允许为 NULL，而 UNIQUE 字段的值可取 NULL。

（3）一般创建 PRIMARY KEY 约束时，系统会自动产生索引，索引的默认类型为聚集索引。创建 UNIQUE 约束时，系统会自动产生一个 UNIQUE 索引，索引的默认类型为非聚集索引。

想一想

对于 xsgl 数据库中的 student 表，要增加一列"ID"来存放身份证号码，该如何保证"ID"列的取值是唯一的呢？

3．自动增长值

在数据库应用中，我们经常要用到唯一编号，以标识记录。在 MySQL 中可通过数据列的 AUTO_INCREMENT 属性来自动生成。使用 AUTO_INCREMENT 字段需要注意以下几个方面。

（1）一个表只能有一个自动增长的字段，该字段的数据类型是整数类型。

（2）自动增长的字段必须定义为键。

（3）自动增长值默认从 1 开始自增，每次加 1。如果插入的值大于自动增长值，则下次使用的自动增长值会使用最大值加 1。

（4）如果为自动增长值的字段插入 NULL、0、DEFAULT 或者省略值，则会使用自动增长值。如果使用具体值，则不会使用自动增长值。

三、域完整性

域完整性是针对某一具体关系数据库的约束条件，它保证表中某些列不能输入无效的值。域完整性指列的值域的完整性，如数据类型、格式、值域范围、是否允许空值等。

域完整性限制了某些属性中出现的值，把属性限制在一个有限的集合中。例如，如果属性类型是整数，那么它就不能是任何非整数。

可以使用非空约束、UNIQUE 约束、DEFAULT 默认约束、AUTO_INCREMENT 自增、NOT NULL/NULL 保证列的值域的完整性。

1）默认约束

默认约束用来指定某字段的默认值，当表中插入一条新记录时，如果没有给这个字段赋值，那么系统会自动为这个字段插入默认值。创建表时可以使用 DEFAULT 关键字设置默认约束。

2）非空约束

非空约束用于保证该字段的值不能为 NULL，创建表时可以使用 NOT NULL 关键字设置非空约束。

3）UNSIGNED

UNSIGNED 也是维护数据库中数据完整性的一种手段，使用它可以避免表中小于 0 的数。

四、参照完整性

参照完整性又称引用完整性。参照完整性要求关系中不允许引用不存在的实体。

参照完整性是指保证主关键字（被引用表）和外部关键字（引用表）之间的参照关系。它涉及两个或两个以上表数据的一致性维护。通过创建外键可以实现参照完整性。

如果一个表中的一个字段或若干个字段的组合要求其内容不得超出另一个表中相应的字段内容，并且在另一个表中被设置为主键，则称该字段或字段组合为外键。外键值将引用表中包含此外键的记录和被引用表中主键与外键相匹配的记录关联起来。在输入、更改或删除记录时，参照完整性保持表之间已定义的关系，确保键值在所有表中一致。这样的一致性要求确保不会引用不存在的值，如果键值更改了，那么在整个数据库中，对该键值的所有引用要进行一致的更改。

参照完整性是基于外键与主键之间的关系进行设计的。例如，学生学习课程的课程号必须是有效的课程号，score 表（成绩表）的外键 Cno（课程号）将参考 course 表（课程表）中主键 Cno（课程号）以实现数据完整性。

注意：

域完整性、实体完整性及参照完整性分别在列、行、表上实施。数据完整性任何时候都可以实施，但对已有数据的表实施数据完整性时，系统要先检查表中的数据是否满足所实施的完整性，只有表中的数据满足了所实施的完整性，数据完整性才能实施成功。

任务实施

1. 创建实体完整性

任务要求 1：在 xsgl 数据库中创建表 student2（其结构同表 student1），并对"Sno"字段创建主键约束。

实现过程 1：新建一个查询，在查询窗口中输入如下 SQL 语句并执行：

```
CREATE TABLE student2
(
    Sno      char(9) PRIMARY KEY,
    Sname    varchar(10),
    Sex      bit,
    Birth    date,
    ClsNo    char(7)          ,
    Tcredit  numeric(4,1)
)
```

练一练

试用 Navicat for MySQL 完成上述操作。

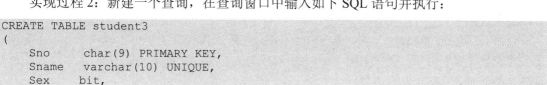

配套解答

任务要求 2：在 xsgl 数据库中创建表 student3（其结构同表 student2），为"Sname"字段创建唯一约束。

实现过程 2：新建一个查询，在查询窗口中输入如下 SQL 语句并执行：

```
CREATE TABLE student3
(
    Sno      char(9) PRIMARY KEY,
    Sname    varchar(10) UNIQUE,
    Sex      bit,
```

```
Birth    date,
ClsNo    char(7)    ,
Tcredit numeric(4,1)
)
```

任务要求 3：在 xsgl 数据库中删除表 student3 中"Sno"字段上的主键约束和"Sname"字段上的唯一约束。

实现过程 3：

方法一：在"链接"中选择"student3"表，单击鼠标右键，在弹出的快捷菜单中选择"设计表"选项，打开"表设计器"窗口。选中主键"Sno"所对应的行，单击钥匙图标使钥匙消失，取消"不是 null"方框中的钩，即删除了主键，如图 5-6、图 5-7 所示。

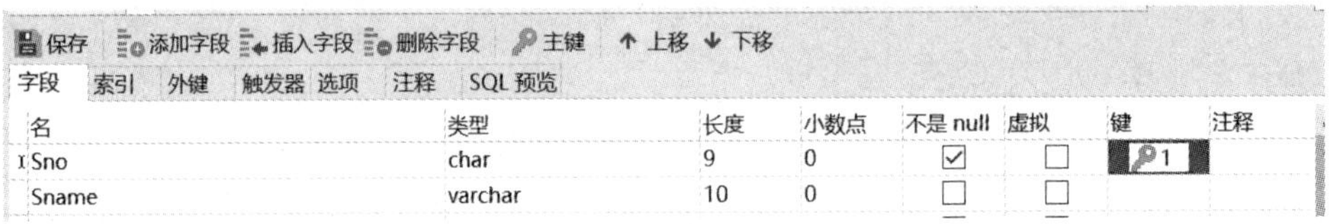

图 5-6　取消主键

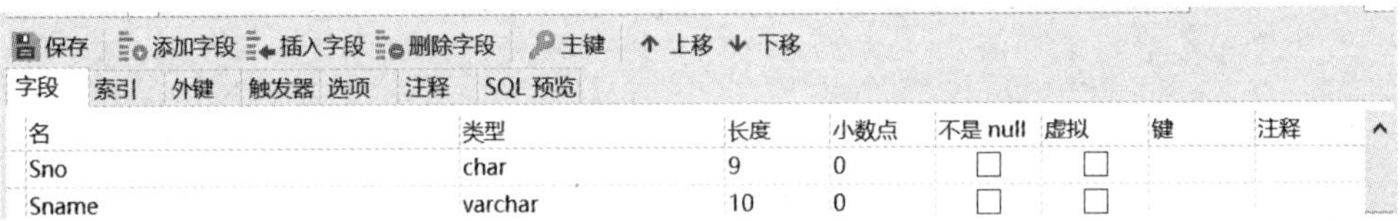

图 5-7　取消非空

单击"索引"选项卡，右击要删除的 UNIQUE 约束"Sname"，在弹出的快捷菜单中选择"删除索引"选项，保存表的修改即可删除，如图 5-8 所示。

图 5-8　删除唯一索引

方法二：新建一个查询，在查询窗口中输入如下 SQL 语句并执行：

```
ALTER TABLE  student3
DROP index Sname;

ALTER TABLE  student3
DROP PRIMARY KEY;
```

任务要求 4：在 xsgl 数据库中重新为表 studen3 的"Sno"字段添加主键约束，为"Sname"字段添加唯一约束。

实现过程 4：

方法一：选择"student3"表，单击鼠标右键，在弹出的快捷菜单中选择"设计表"选项，进入"表设计器"窗口。选中主键"Sno"所对应的行，单击"键"下的空格，出现钥匙图标，此时"不是 null"方框中的钩会自动出现，即添加了主键，如图 5-9 所示。

图 5-9　添加主键

单击"索引"选项卡，按照本章中索引的添加方法添加唯一索引，保存表的修改，如图 5-10 所示。

图 5-10　添加唯一索引

方法二：新建一个查询，在查询窗口中输入如下 SQL 语句并执行：

```
ALTER TABLE  student2
ADD CONSTRAINT Sno_pk2  PRIMARY KEY (Sno);
ALTER TABLE  student2
ADD CONSTRAINT Sname_uq2  UNIQUE(Sname);
```

任务要求 5：在 xsgl 数据库中为表 student2 添加一个能产生自动编号的"XH"字段。

实现过程 5：新建一个查询，在查询窗口中输入如下 SQL 语句并执行：

```
ALTER TABLE  student2
ADD XH int PTIMARY KEY AUTO_INCREMENT;
```

任务要求 6：将"XH"字段自动增长值修改为 10。

实现过程 6：新建一个查询，在查询窗口中输入如下 SQL 语句并执行：

```
ALTER TABLE student2
AUTO_INCREMENT=10;
```

任务要求 7：删除"XH"字段的自动增长约束。

实现过程：新建一个查询，在查询窗口中输入如下 SQL 语句并执行：

```
ALTER TABLE  student2
MODIFY XH int ;
```

2. 创建域完整性

任务要求 1：在 xsgl 数据库的表 student 中，添加默认约束，设置学生的总学分 Tcredit 默认值为 10。

实现过程 1：

方法 1：选择"student"表，单击鼠标右键，在弹出的快捷菜单中选择"设计表"选项，打开"表设计器"窗口。选中主键"Tcredit"所对应的行，单击"默认"的下拉框，选择"空白"，此时可以在框中手动输入默认值 10，如图 5-11 所示。

图 5-11　默认约束

方法 2：新建一个查询，在查询窗口中输入如下 SQL 语句并执行：

```
ALTER TABLE student
MODIFY Tcredit INT DEFAULT 10;
```

任务要求 2：在 xsgl 数据库的表 student 中，删除关于 "Tcredit" 的默认约束。

实现过程 2：

方法 1：选择 "student" 表，单击鼠标右键，在弹出的快捷菜单中选择 "设计表" 选项，打开 "表设计器" 窗口。选中 "Tcredit" 所对应的行，单击 "默认" 的下拉框，选择 "NULL" 选项。

注：若没有默认约束，字段的默认值为 NULL，如图 5-12 所示。

图 5-12　删除默认约束

方法 2：新建一个查询，在查询窗口中输入如下 SQL 语句并执行：

```
ALTER TABLE student
MODIFY Tcredit DECIMAL(4,1) ;
```

任务要求 3：在 xsgl 数据库的 student 表中，给 Birth 添加非空约束。

实现过程 3：

方法 1：选择 "student" 表，单击鼠标右键，在弹出的快捷菜单中选择 "设计表" 选项，打开 "表设计器" 窗口。选中 "Birth" 所对应的行，给 "不是 null" 打钩，并单击左上角 "保存" 按钮，如图 5-13 所示。

名	类型	长度	小数点	不是 null	虚拟	键	注释
Sno	char	9	0	☑	☐	🔑1	学号
Sname	varchar	10	0	☑	☐		姓名
Sex	bit	1	0	☐	☐		性别
Birth	date	0	0	☑	☐		出生 年月
ClsNo	char	7	0	☑	☐		班级编号
Tcredit	decimal	4	1	☐	☐		总学分

图 5-13　添加非空约束

方法 2：新建一个查询，在查询窗口中输入如下 SQL 语句并执行：

```
ALTER TABLE student
MODIFY Birth DATE NOT NULL;
```

任务要求 4：在 xsgl 数据库的 result 表中，删除 "Birth" 的非空约束。

实现过程：

方法 1：选择 "student" 表，单击鼠标右键，在弹出的快捷菜单中选择 "设计表" 选项，打开 "表设计器" 窗口。选中 "Birth" 所对应的行，把 "不是 null" 方框中的钩取消，并单击左上角的"保存"按钮。

方法 2：新建一个查询，在查询窗口中输入如下 SQL 语句并执行：

```
ALTER TABLE student MODIFY Birth DATE;
```

想一想

为什么删除默认约束、非空约束使用的是 MODIFY，而删除唯一约束要使用 DROP？

任务要求 5：在 xsgl 数据库中创建一个表 result，包含"SNO""SEX"和"HOBBY"三列，其中"SEX"只能包含"男""女"中的一个值，"HOBBY"能包含"唱歌""画画""看书""跑步"中的一个或多个值。

实现过程 5：

方法 1：选择 xsgl 数据库，右击，在弹出的快捷菜单中选择"新建表"选项，依次填写字段名及字段类型。将 SEX 字段设置为 enum 类型，填写相应的值（见图 5-14）。将 HOBBY 字段设置为 set 类型，填写相应的值（见图 5-15）。表设计完成后，单击"保存"按钮，填写表名"result"。

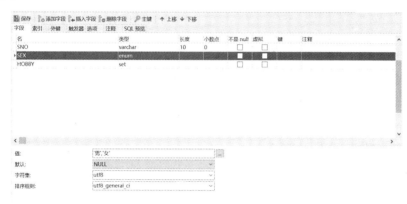

图 5-14　添加 enum 值

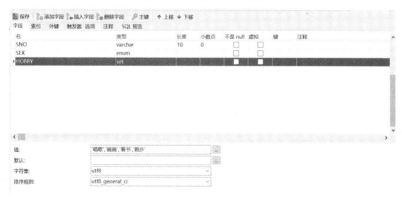

图 5-15　添加 set 值

方法 2：新建一个查询，在查询窗口中输入如下 SQL 语句并执行：

```
CREATE TABLE RESULT
(SNO VARCHAR(10),
SEX enum("男","女"),
```

```
HOBBY set("唱歌","画画","看书","跑步"));
```

学一学:

enum 类型

```
字段名 enum('选项1','选项2','选项3'...,'选项n')
```

enum 类型（枚举类型），创建表时通过枚举方式显式指定。例如，"性别"字段就可以定义成 enum 类型，因为只能在"男"和"女"中选择其中一个。对于可以选取多个值的字段，可以选择 set 类型。例如，"爱好"字段就可以选择 set 类型，因为可能有多种爱好。

set 类型

```
字段名 set('选项1','选项2','选项3'...,'选项n')
```

set 类型（集合类型）在创建表时，就指定 set 类型的取值范围。其基本形式与 enum 类型一样。set 类型的值可以取列表中的一个元素或者多个元素的组合。

3. 创建参照完整性

任务要求 1：在 xsgl 数据库的表 score 中，将字段"Sno"设置为外键，参照对象是表 student 中的"Sno"字段。

实现过程 1：

方法 1：首先要保证表 student 中的"Sno"字段是主键。由于之前在创建表的时候已经定义了表 student 中的"Sno"字段为主键，所以这里就不需要再定义主表的主键了。

接下来展开"xsgl"→"score"表，单击鼠标右键，在弹出的快捷菜单中选择"设计表"选项，单击"外键"选项卡，切换到"外键设置"界面，如图 5-16 所示。

图 5-16　新建外键

在出现的"外键设置"界面中单击"添加外键"按钮，然后依次填写相应的值。

（1）名：外键的名称，建议设置为 fk_sno。

（2）字段：单击"…"按钮，在下拉列表中选择字段"Sno"，将其选为外键，并单击"确定"按钮，如图 5-17 所示。

图 5-17　选择外键

（3）被引用的表：单击"…"按钮，在下拉列表中选择"student"表，即将 student 表作为父表引用。

（4）被引用的字段：单击"…"按钮，在下拉列表中选择字段"Sno"，引用 student 表中的字段"Sno"，如图 5-18 所示。

（5）删除时、更新时：单击"…"按钮，在下拉列表中选择相应的参数，如图 5-19 所示。参数填写完毕后，单击"保存"按钮即可。

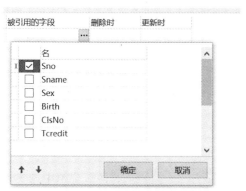

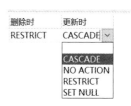

图 5-18 选择被引用字段　　　　　　图 5-19 选择删除、更新方式

学一学：

CASCADE：父表删除、更新的时候，子表删除、更新掉关联记录。

SET NULL：父表删除、更新的时候，子表会将关联记录的外键字段所在列设为 NULL，所以注意在设计子表时外键不能设为 NOT NULL。

RESTRICT：父表删除、更新的时候，子表中有关联该父表的记录，则不允许删除、更新父表中的记录。

NO ACTION：同 RESTRICT。

方法 2：新建一个查询，在查询窗口中输入如下 SQL 语句并执行：

```
ALTER TABLE xsgl.score
ADD CONSTRAINT fk_sno
FOREIGN KEY(Sno) REFERENCES student(Sno)
ON DELETE RESTRICT ON UPDATE CASCADE;
```

想一想：

可将此约束写在 Sno 字段的属性后面吗？

任务要求 2：在 score 表中添加一行记录（185067228，50103，60，60），添加成功后再添加一行记录（10000000，50103，60，60）。

实现过程 2：打开 score 表，单击加号添加一行记录，依次输入数据。第一行记录能够添加成功，但第二行记录添加失败，如图 5-20 所示。

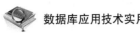
183067114	1410		
183067115	5010		
183067115	1210		
183067115	1410		
183067115	1420		
184061211	5010		
184061211	12101	60.0	61
185067201	20411	70.0	69
185067201	50103	80.0	78
185067201	12101	85.0	84
185067201	14305	75.0	71
185067201	14201	65.0	65
185067228	14305	60.0	79
▶185067228	50103	60.0	60
+10000000	50103	(Null)	(Null)

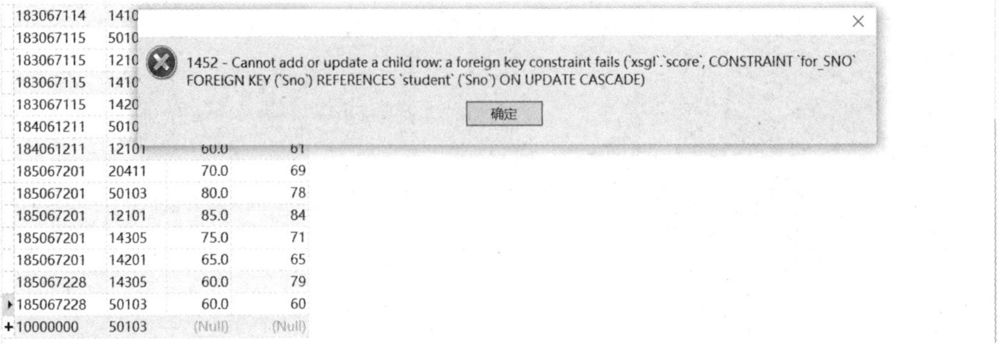

1452 – Cannot add or update a child row: a foreign key constraint fails (`xsgl`.`score`, CONSTRAINT `for_SNO` FOREIGN KEY (`Sno`) REFERENCES `student` (`Sno`) ON UPDATE CASCADE)

确定

图 5-20　添加报错

想一想：

为什么第二行记录添加失败？

任务要求 3：在 xsgl 数据库的表 score 中，删除外键"fk_sno"。

实现过程 3：

方法 1：展开"xsgl"，选择"score"表，单击鼠标右键，在弹出的快捷菜单中选择"设计表"选项，切换到"外键"选项卡，选中"fk_sno"，右键单击，在弹出的快捷菜单中选择"删除外键"选项，如图 5-21 所示，单击"保存"按钮保存修改。

图 5-21　删除外键

方法 2：

```
ALTER TABLE score DROP CONSTRAINT fk_sno;
```

习　　题

一、选择题

1. 索引是在基本表的列上建立的一种数据库对象，它同基本表分开存储，使用它能够加快数据的（　　）速度。

　　A. 插入　　　　　　　　B. 修改　　　　　　　　C. 删除　　　　　　　　D. 查询

2. 数据库中存放两个关系：教师（教师编号，姓名）和课程（课程号，课程名，教师编号），为快速查出某位教师所讲授的课程，应该（　　）。

A. 在教师表上对教师编号建索引　　　　B. 在课程表上对课程号建索引

C. 在课程表上对教师编号建索引　　　　D. 在教师表上对姓名建索引

3. "CREATE UNIQUE INDEX AAA ON 学生表(学号)" 将在学生表上创建名为 AAA 的（　　）。

A. 唯一索引　　　　B. 聚集索引　　　　C. 复合索引　　　　D. 唯一聚集索引

4. 要删除 mytable 表中的 myindex 索引，可以使用（　　）语句。

A. DROP　myindex　　　　　　　　B. DROP mytable. myindex

C. DROP INDEX mytable. myindex　　　D. DROP INDEX　myindex

5. 为数据表创建索引的目的是（　　　）

A. 提高查询的检索性能　　　　　　　B. 创建唯一索引

C. 创建主键　　　　　　　　　　　　D. 归类

6. 在创建表时可以用（　　　）来创建唯一索引。

A. 设置主键约束，设置唯一约束　　　　B. CREATE TABLE，CREATE INDEX

C. 设置主键约束，CREATE INDEX　　　D. 以上都可以

7. 如果一个表中记录的物理存储顺序与索引的顺序一致，则称此索引是（　　　）

A. 非聚集索引　　　　B. 唯一索引　　　　C. 聚集索引　　　　D. 非唯一索引

8. 以下哪种情况应尽量创建索引（　　　）。

A. 在 WHERE 子句中出现频率较高的列　　B. 具有很多 NULL 值的列

C. 记录较少的基本表　　　　　　　　　　D. 需要更新频繁的基本表

二、填空题

1. 数据库的实体完整性要求表中所有_____唯一，可通过设置_____、_____、_____等约束来实现。

2. 数据库域完整性可保证表中指定字段中数据的正确性，要求表中指定列的数据具有正确的_____、_____和_____。

3. 关系完整性包括_____、_____、_____和用户自定义完整性。

4. 当指定基本表中某一列或若干列为主键时，则系统将在这些列上自动建立一个_____、_____和_____的索引。

5. 数据库的完整性是指数据的_____和_____。

三、应用题

假设有下面两个关系模式：职工（职工号，姓名，年龄，职务，工资，部门号），其中职工号为主键；部门（部门号，名称，经理名，电话），其中部门号为主键。

用 MySQL 命令定义这两个关系模式，要求在模式中完成以下完整性约束条件定义：

1. 定义每个模式的主键。

2. 定义参照完整性。

项目六　MySQL 存储过程

【学习目标】

- 掌握 MySQL 中变量和常量的定义。
- 掌握条件判断语句的用法，能设计分支结构程序。
- 掌握循环语句的用法，能设计循环结构程序。
- 掌握存储过程的用法，能设计存储过程。
- 掌握游标的应用，能借助游标操作数据。

【项目描述】

在实际开发中，经常会遇到为了实现某一功能需要编写一组 SQL 语句的情况，为了提高 SQL 语句的重用性，MySQL 提供了存储过程来帮助用户减少没有必要的重复操作，从而提高开发效率。

本项目结合实际的工作任务，介绍了 MySQL 中变量和常量的基础知识，以及使用流程控制语句来构造分支结构、循环结构程序的方法，对存储过程的功能和使用方法进行了阐述，并应用了游标来进行数据操作。内容包括变量、常量、表达式、流程控制语句、存储过程、游标等。

任务一　MySQL 存储过程

 任务提出

在 MySQL 中既可以通过图形界面操作管理数据库，也可以通过命令方式来进行。图形界面简单直观，容易学习，但只能实时分布完成。每一个任务必须由用户现场操作实现。命令方式虽然相对麻烦并且有一定难度，但能够将多个操作集中到一起完成，而且可以事先设计安排好步骤，不用现场实时完成。另外，命令方式效率也更高一些。

 任务分析

存储过程就是作为可执行对象存放在数据库中的一个或多个 SQL 命令，它是数据库中的一个重要对象。由于存储过程在创建时即在数据库服务器上进行了编译并存储在数据库中，所以

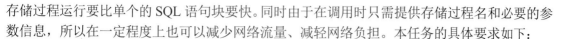

存储过程运行要比单个的 SQL 语句块要快。同时由于在调用时只需提供存储过程名和必要的参数信息，所以在一定程度上也可以减少网络流量、减轻网络负担。本任务的具体要求如下：

- 了解 MySQL 中存储过程的概念、优势和不足。
- 掌握存储过程的创建和删除。
- 掌握显示所有存储过程和存储过程的修改。

 **相关知识**

1. 存储过程概念

存储过程是在大型数据库系统中，一组为了完成特定功能的 SQL 语句集。它存储在数据库中，经过第一次编译后调用不需要再次编译，用户通过指定存储过程的名字并给出参数（如果该存储过程带有参数）来执行它。存储过程中可以包含逻辑控制语句和数据操纵语句，它可以接收参数、输出参数、返回单个或多个结果集以及返回值。

下面的 SELECT 语句从当前数据库中返回表 course 中的所有行：

```
SELECT Cno,Cname,Credict,Chour FROM course;
```

如图 6-1 所示显示了查询的部分输出。

Cno	Cname	Credict	Chour
12101	计算机基础	2.0	32
14101	c程序设计	3.0	48
14201	数据库程序设计	4.0	64
14305	java程序设计	5.0	80
14402	软件测试	4.0	64
20411	应用文写作	3.0	48
50103	计算机数学	3.0	48

图 6-1 查询结果

当使用 Navicat For MySQL 或 MySQL Shell 向 MySQL 服务器发出查询时，MySQL 会处理该查询并返回结果集。如果想在数据库服务器上保存这个查询以便以后执行，可以将上述步骤创建为一个存储过程。

下面的 CREATE PROCEDURE 语句创建了一个新的存储过程，包含了上面的查询：

```
DELIMITER $$
CREATE   PROCEDURE GetCourses()
BEGIN
    SELECT    Cno,Cname,Credict,Chour
    FROM
        course
    ORDER BY
    Cname;
END$$
 DELIMITER;
```

在上面这个例子中，创建了一个存储过程，其名称为 GetCourses()。一旦创建了存储过程，可以通过使用 CALL 语句来调用它：

```
CALL GetCourses();
```

该语句返回的结果与查询相同。

当第一次调用存储过程时，MySQL 在数据库目录中查找存储过程，编译存储过程的代码，将其放置在一个称为缓存的内存区域，并执行存储过程。

如果在同一会话中再次调用相同的存储过程，MySQL 会直接从缓存中执行存储过程，而不需要再重新编译它。

一个存储过程可以有参数，可以向它传递值，并获得结果。例如，可以创建一个存储过程，按国家和城市返回客户。在这种情况下，国家和城市是存储过程的参数。

一个存储过程可以包含流程控制语句，如 IF、CASE 和 LOOP，允许以程序化的方式实现代码。

2. MySQL 存储过程的优点

MySQL 存储过程具有以下优点：

（1）存储过程允许标准组件式编程。存储过程创建后可以在程序中被多次调用执行，而不必重新编写该存储过程的 SQL 语句。而且数据库专业人员可以随时对存储过程进行修改，但对应用程序源代码却毫无影响，从而极大地提高了程序的可移植性。

（2）存储过程能够实现较快的执行速度。存储过程执行一次后，产生的二进制代码就驻留在缓冲区，在以后的调用中，只需要从缓冲区中执行二进制代码即可，从而提高了系统的效率和性能。

（3）存储过程减轻网络流量。对于同一个针对数据库对象的操作，如果这一操作所涉及的 SQL 语句被组织成一存储过程，那么当在客户机上调用该存储过程时，网络中传递的只是该调用语句，否则将会是多条 SQL 语句，从而减轻了网络流量，降低了网络负载。

（4）存储过程可作为一种安全机制来充分利用。系统管理员可以对执行的某一个存储过程进行权限限制，从而能够实现对某些数据访问的限制，避免非授权用户对数据的访问，保证数据的安全。

3. MySQL 存储过程的缺点

除了以上介绍的优点，存储过程也有以下缺点。

（1）资源使用量过大。如果使用许多存储过程，每个连接的内存用量将大大增加。此外，在存储过程中过度使用大量的逻辑操作将增加 CPU 的使用。

（2）故障排除麻烦。MySQL 中调试存储过程比较麻烦。MySQL 没有像其他企业数据库产品（如 Oracle 和 SQL Server）那样提供任何设施来调试存储过程。

（3）维护有一定难度。开发和维护存储过程往往需要专门的技能，而这并不是所有的应用程序开发人员都具备的。这可能导致发生应用开发和维护方面的问题。

4. MySQL 分隔符

在编写 SQL 语句时，可以使用分号（;）来分隔两个语句，如下面的例子。

```
SELECT * FROM course;
SELECT * FROM score;
```

MySQL 客户端程序，如 Navacit For MySQL 或 MySQL 程序，使用分隔符（;）来分隔语句，并单独执行每个语句。

然而，一个存储过程往往由多个由分号（;）分隔的语句组成，如果使用 MySQL 客户端程序来创建一个包含分号字符的存储过程时，MySQL 客户端程序将不会把整个存储过程的创建命令视为一个单一的语句，而是当成许多语句。

因此，必须临时重新定义分界符，以便 MySQL 可以将整个存储过程作为一个单一的语句传递给服务器。

在 MySQL 中重新定义默认定界符，可以使用 DELIMITER 命令，格式如下：

```
DELIMITER delimiter_character
```

delimiter_character 可以由单个字符或多个字符组成，例如，"//"或"$$"。需要注意的是，应该避免使用反斜杠（\），因为它是 MySQL 中的转义字符。

例如，以下语句将当前的分隔符改为//。

```
DELIMITER //
```

改变定界符后，你可以使用新的定界符来结束语句，如下所示：

```
DELIMITER //
SELECT * FROM course //
SELECT * FROM score //
```

要将分界符改回为默认的分界符，即分号（;），可以使用以下语句：

```
DELIMITER ;
```

下面是一个在存储过程中改变分界符的例子：

```
DELIMITER $$
CREATE PROCEDURE sp_name()
BEGIN
-- statements
END $$
DELIMITER ;
```

在这段代码中，首先将默认定界符改为"$$"。接着，在存储过程的主体中使用分号（;）来表示代码中的不同命令行，在 END 关键字后使用"$$"来结束存储过程。最后，将默认的分隔符改回分号（;）。

想一想：

为什么通常都将定界符改成"$$"而不是"//"？

5. 创建存储过程 CREATE PROCEDURE 语句

MySQL 中要创建一个新的存储过程，需要使用 CREATE PROCEDURE 语句。下面是 CREATE PROCEDURE 语句的基本语法：

```
CREATE PROCEDURE procedure_name(parameter_list)
BEGIN
 statements;
END
```

说明如下：

（1）在 CREATE PROCEDURE 关键字后面指定要创建的存储过程的名称。

（2）在存储过程名称后面的括号中指定存储过程的以逗号分隔的参数列表。如何创建带参数的存储过程将在后面具体介绍。

（3）在 BEGIN END 块之间编写代码。

注意：

在 END 关键字之后，要放置分隔符来结束存储过程语句。

6. 执行存储过程

在 MySQL 中执行一个存储过程，可以使用 CALL 语句，具体格式如下：

```
CALL stored_procedure_name(argument_list);
```

CALL 关键字后面指定存储过程的名称。如果存储过程有参数，则需要在存储过程名称后面的括号内指定参数列表。

7. 删除存储过程 DROP PROCEDURE 语句

在 MySQL 中可以使用 DROP PROCEDURE 语句删除一个由 CREATE PROCEDURE 语句创建的存储过程。DROP PROCEDURE 语句的语法如下：

```
DROP PROCEDURE [IF EXISTS] stored_procedure_name;
```

说明如下：

（1）在 DROP PROCEDURE 关键字后面指定想删除的存储过程的名称。

（2）如果使用 IF EXISTS 选项，则当存储过程存在时就删除它。如果不使用 IF EXISTS 选项而删除一个不存在的存储过程时，MySQL 会发出一个错误。在这种情况下，如果使用 IF EXISTS 选项，MySQL 会发出一个警告。

8. 修改存储程序 ALTER PROCEDURE 命令

在 MySQL 中可以通过 ALTER PROCEDURE 命令来修改一个存储过程，其格式如下：

```
ALTER PROCEDURE procedure_name(parameter_list)
BEGIN
 statements;
END
```

但实际上 MySQL 中要修改存储过程的参数和主体，通常会使用 DROP PROCEDURE 语句和 CREATE PROCEDURE 语句先删除然后再重新创建存储过程。

9. 查看存储程序

在 MySQL 中使用 SHOW PROCEDURE STATUS 语句查看存储过程。

下面是 SHOW PROCEDURE STATUS 语句的基本语法：

```
SHOW PROCEDURE STATUS [LIKE 'pattern' | WHERE search_condition];
```

说明如下：SHOW PROCEDURE STATUS 语句显示存储过程的所有特征，包括存储过程的名称。它返回用户有权限访问的存储过程。

下面的语句可以显示当前 MySQL 服务器中的所有存储过程：

```
SHOW PROCEDURE STATUS ;
```

10. 变量

变量指的是未知的、可变的数据。在计算机程序运行时，变量可以被程序修改。每个变量必须要有变量名，变量名必须是一个合法的标识符。

1）声明变量

要在存储过程中声明一个变量，可以使用 DECLARE 语句，格式如下：

```
DECLARE variable_name datatype(size) [DEFAULT default_value];
```

说明如下：

variable_name 是在 DECLARE 关键字后指定变量的名称。变量名称必须遵循 MySQL 表列名的命名规则。

datatype（size）指定变量的数据类型和长度。变量的数据类型可以取任意的 MySQL 数据类型，如 INT、VARCHAR 和 DATETIME。

使用 DEFAULT 选项给变量分配一个默认值。如果声明一个变量而没有指定默认值，它的值就是 NULL。

2）变量赋值

一旦一个变量被声明，它就可以被使用。变量在具体引用前必须要指定其值，也就是变量赋值。在 MySQL 中给变量赋值，可以使用 SET 语句，格式如下：

```
SET variable_name = value;
```

3）变量作用域

一个变量有自己的作用域，定义它的生命周期。如果在存储过程中声明一个变量，当存储过程的 END 语句到达时，它将超出范围。

当在 BEGIN END 块内声明一个变量时，如果达到 END，它将超出范围。

MySQL 允许在不同的范围内声明两个或更多共享相同名称的变量。因为一个变量只在其范围内有效。但是，在不同的作用域中声明同名的变量并不是好的编程习惯，不建议这么做。

如果变量的名字是以@符号开头的，那么这个变量是一个会话变量。在会话结束之前，它都是可用的和可访问的。

11. MySQL 存储过程参数

在通常情况下，存储过程有参数。这些参数使存储过程更加有用和可重复使用。一个存储过程中的参数有三种模式，分别是 IN、OUT 或 INOUT。

1）IN 参数

IN 参数可以向存储过程传递一个数据。IN 是默认的参数。当在一个存储过程中定义一个 IN 参数时，调用程序必须向存储过程传递一个实际参数。

此外，一个 IN 参数的值是受保护的。这意味着即使在存储过程中改变了 IN 参数的值，在存储过程结束后它的原始值也不会改变。换句话说，存储过程只在 IN 参数的副本上工作。

2）OUT 参数

OUT 参数可以向调用程序提供一个数据。在存储过程内部可以改变一个 OUT 参数的值，它的新值会传回调用程序。

注意，存储过程在启动时不能访问 OUT 参数的初始值。

3）INOUT 参数

一个 INOUT 参数是 IN 参数和 OUT 参数的组合。它意味着调用程序可以传递参数，而存储过程可以修改 INOUT 参数，并将新值传回给调用程序。

4）定义一个参数

下面是在存储过程中定义参数的基本语法：

```
[IN | OUT | INOUT] parameter_name datatype[(length)]
```

说明如下：

（1）"IN | OUT | INOUT"指定参数模式，根据存储过程中参数的用途而选择不同模式。

（2）"parameter_name"指定参数的名称。参数名称必须遵循 MySQL 中列名的命名规则。

（3）"datatype[(length)]"指定参数的数据类型和最大长度。

任务实施

配套解答

1. 创建存储过程

任务要求 1：创建名称为 ShowStuScore 的存储过程，存储过程的作用是从学生成绩信息表中查询学生的成绩信息。

实现过程 1：在 MySQL 命令行窗口输入如下内容：

```
DELIMITER $$
CREATE PROCEDURE ShowStuScore()
BEGIN
    SELECT
        sc.Sno AS 学号,s.Sname AS 姓名,
        c.Cname AS 课程名称,sc.Endscore AS 成绩
    FROM  score sc
        INNER JOIN course c ON sc.Cno = c.Cno
        INNER JOIN student s ON sc.Sno = s.Sno;
END$$
DELIMITER;
```

任务要求 2：创建名称为 GetScoreBySno 的存储过程，输入参数是学生的学号。存储过程的作用是通过输入的学生学号从学生成绩信息表中查询指定学生的成绩信息。

实现过程：在 MySQL 命令行窗口输入如下内容：

```
DELIMITER $$
CREATE PROCEDURE GetScoreBySno(IN _sno VARCHAR ( 255 ))
BEGIN
    SELECT Uscore,Endscore
    FROM score
    WHERE Sno = _sno;
END$$
DELIMITER;
```

2. 查看存储过程

任务要求：查询名为 ShowStuScore 的存储过程的状态。

实现过程：在 MySQL 命令行窗口中输入如下内容：

```
SHOW PROCEDURE STATUS LIKE 'ShowStuScore'  \G;
```

显示结果如图 6-2 所示。

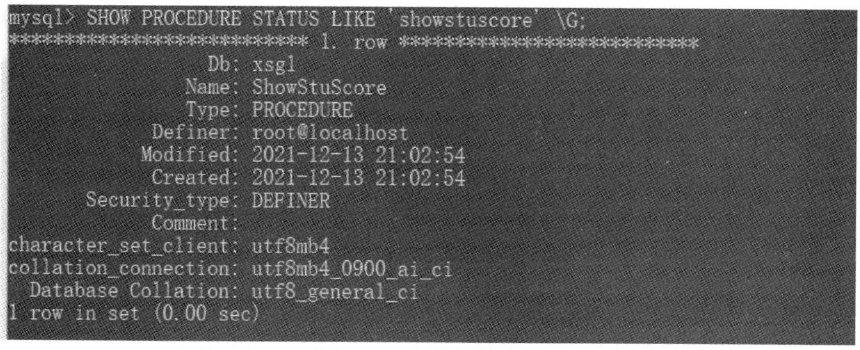

图 6-2 查看存储过程

想一想:

命令末尾的 "\G" 有什么作用?

---

3. 查看存储过程定义

任务要求: 使用 SHOW CREATE 查询名为 showstuscore 的存储过程的状态。

实现过程: 在 MySQL 命令行窗口中输入如下内容:

```
SHOW CREATE PROCEDURE showstuscore \G;
```

执行结果如图 6-3 所示。

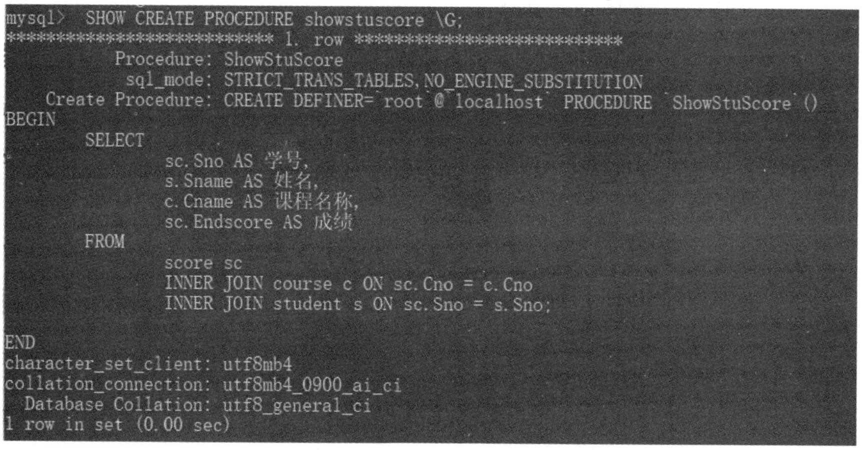

图 6-3 查看存储过程的状态

4. 执行存储过程

任务要求 1: 执行名为 ShowStuScore 的存储过程获取所有学生的课程成绩信息。

实现过程 1: 在 MySQL 命令行窗口中输入如下内容:

```
Call ShowStuScore();
```

输出结果如图 6-4 所示。

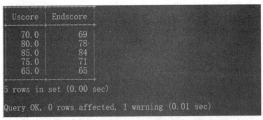

学号	姓名	课程名称	成绩
183067101	王小平	计算机基础	99
183067114	张泽斌	计算机基础	71
183067115	赵一鹏	计算机基础	83
184061211	李邦国	计算机基础	61
185067201	何晨光	计算机基础	84
183067101	王小平	c程序设计	78
183067114	张泽斌	c程序设计	60
183067115	赵一鹏	c程序设计	78
183067101	王小平	数据库程序设计	91
183067115	赵一鹏	数据库程序设计	93
185067201	何晨光	数据库程序设计	65
185067201	何晨光	java程序设计	71
185067228	李阳阳	java程序设计	79
185067201	何晨光	应用文写作	69
183067114	张泽斌	计算机数学	60
183067115	赵一鹏	计算机数学	86
184061211	李邦国	计算机数学	66
185067201	何晨光	计算机数学	78

图 6-4　获取所有学生的课程成绩信息

任务要求 2：执行名为 GetScoreBySno 的存储过程获取学号为 185067201 的课程成绩信息。
实现过程 2：在 MySQL 命令行窗口中输入如下内容：

```
call GetScoreBySno('185067201');
```

输出结果如图 6-5 所示。

Uscore	Endscore
70.0	69
80.0	78
85.0	84
75.0	71
65.0	65

5 rows in set (0.00 sec)

Query OK, 0 rows affected, 1 warning (0.01 sec)

图 6-5　获取指定学生的课程成绩信息

任务二　条件语句

 任务提出

采用命令方式完成某项工作时，可以事先设计安排好步骤，在具体需要实施的时候再去执行，相当于编写程序。但有些时候需要对工作的步骤结合实际情况进行一定的流程控制。

 任务分析

像编程语言一样，MySQL 也有自己的流程控制语句。通过流程控制语句，可以在 MySQL 中实现比较复杂的业务逻辑操作，而无须到程序中去控制，这在一定程度上提高了效率，这也是 MySQL 的强大之处。条件语句可根据不同的条件，控制执行不同的 SQL 语句。本任务的具体要求如下：

- 掌握常用流程控制语句的基本功能。
- 能使用 IF 语句实现选择结构。
- 能使用 CASE 语句实现选择结构。

 相关知识

一、IF 选择结构语句

在 MySQL 中 IF 语句可以根据表达式的某个条件或值结果来执行一组 SQL 语句。要在 MySQL 中形成一个表达式，可以结合文字、变量、运算符，甚至函数来组合。表达式可以返回 TRUE、FALSE 或 NULL 这三个值之一。

1. 单分支 IF 语句

在 MySQL 中单分支 IF 语句的语法如下：

```
IF condition THEN
  statements;
END IF;
```

图 6-6 演示了 IF 语句的执行过程。

如果表达式（condition）计算结果为 TRUE，那么将执行 statements 语句，否则控制流将传递到 END IF 之后的下一个语句。

2. 双分支 IF-THEN-ELSE 语句

如果想在 IF 分支的条件不为 TRUE 时执行其他语句，可以使用双分支的 IF-THEN-ELSE 语句，格式如下：

```
IF condition THEN
  statements;
ELSE
  else-statements;
END IF;
```

执行过程如图 6-7 所示。

在这种语法中，如果条件为 TRUE，则执行 IF-THEN 和 ELSE 之间的 statements；否则，执行 ELSE 和 END IF 之间的 else-statements。

3. 多分支的 IF-THEN-ELSEIF-ELSE 语句

如果想根据多个条件执行不同语句，可以使用多分支的 IF-THEN-ELSEIF-ELSE 语句，其语句格式如下：

```
IF condition THEN
  statements;
ELSEIF elseif-condition THEN
  elseif-statements;
```

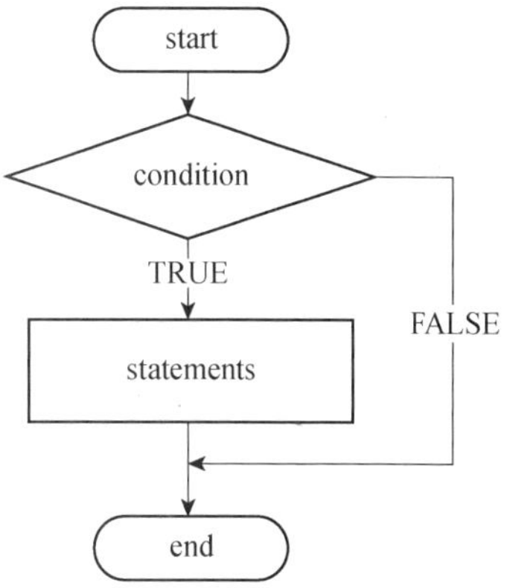

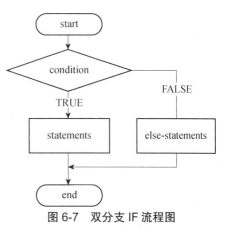

图 6-6 单分支 IF 流程图

图 6-7 双分支 IF 流程图

```
...
ELSE
   else-statements;
END IF;
```

执行过程如图 6-8 所示。

在这种语法中，如果条件为 TRUE，则执行 IF-THEN 分支中的语句；否则，将判断下一个 ELSEIF 条件。

如果 ELSEIF 条件为 TRUE，则执行 elseif-statements；否则，继续判断下一个 ELSEIF 条件。

IF-THEN-ELSEIF-ELSE 语句可以有多个 ELSEIF 分支。

如果 IF 和 ELSE IF 中所有条件都不为 TRUE，则 ELSE 分支中的 else-statements 将被执行。

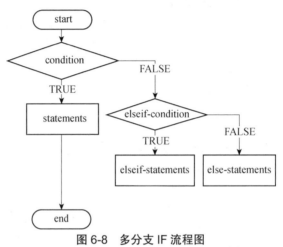

图 6-8　多分支 IF 流程图

二、CASE 选择结构语句

除 IF 语句外，MySQL 还提供了一个替代性的条件语句，称为 CASE 语句，用于在存储过程中构建条件语句。CASE 语句使代码更具可读性和高效。

CASE 语句有两种形式：简单 CASE 语句和高级 CASE 语句。

1. 简单 CASE 语句

简单 CASE 语句的基本语法格式如下：

```
CASE case_value
   WHEN when_value1 THEN statements
   WHEN when_value2 THEN statements
   ...
   [ELSE else-statements]
END CASE;
```

在这种语法中， CASE 语句依次将 case_value 和 when_value1、when_value2、...的值进行比较，直到发现其中一个相等。当 CASE 发现一个 case_value 等于一个 when_value 时，它将执行相应的 THEN 子句中的语句。

如果 CASE 不能找到任何与 case_value 相等的 when_value，当有 ELSE 子句时，它将执行 ELSE 子句中的 else-statements；当 ELSE 子句不存在，并且 CASE 不能找到任何与 case_value 相等的 when_value 时，它会发出一个错误。

为了避免 case_value 不等于任何 when_value 时产生错误，可以在 ELSE 子句中使用一个空的 BEGIN END 块，格式如下：

```
CASE case_value
    WHEN when_value1 THEN ...
    WHEN when_value2 THEN ...
    ELSE
        BEGIN
        END;
END CASE;
```

注意：
简单 CASE 语句测试的是 case_value 值和 when_value 值是否相等，不能用它来测试与 NULL 值的相等性；因为 NULL = NULL 会返回 FALSE。

2. 高级 CASE 语句

简单 CASE 语句只允许将一个值与一组不同的值进行比较，如果要进行更复杂的匹配，如匹配范围，则可以使用高级 CASE 语句。高级 CASE 语句相当于多分支 IF 语句，但是它比多分支 IF 语句更易读。

下面是高级 CASE 语句的基本语法：

```
CASE
    WHEN search_condition1 THEN statements
    WHEN search_condition1 THEN statements
    ...
    [ELSE else-statements]
END CASE;
```

在这种语法中，CASE 依次计算 WHEN 子句中的每个 search_condition，直到找到一个结果为 TRUE 的条件，然后执行相应的 THEN 子句。

如果没有 search_condition 计算为 TRUE，CASE 将执行 ELSE 子句中的 else-statements。如果不指定 ELSE 子句，并且没有条件是 TRUE，MySQL 会引发错误。

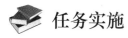 **任务实施**

1. IF 条件语句

配套解答

任务要求 1：创建名称为 GetScoreLevel 的存储过程，存储过程的作用是输入学号和课程编号，查询该学号的学生相应课程的成绩，并根据成绩是否大于或等于 90 分，进行相应处理。如果大于或等于 90 分，输出优秀。

实现过程 1：在 MySQL 命令行窗口输入如下内容，创建名称为 GetScoreLevel 的存储过程。

```
DELIMITER $$
```

```
CREATE PROCEDURE GetScoreLevel(
   IN _sno VARCHAR(255),
   IN _cno VARCHAR(255),
   OUT scoreLevel VARCHAR(255))
BEGIN
   DECLARE escore BIGINT DEFAULT 0;
   SELECT Endscore
   INTO escore
   FROM score
   WHERE Sno = _sno AND Cno=_cno;
   IF escore >= 90 THEN
      SET scoreLevel = '优秀';
   END IF;
END$$
DELIMITER;
```

如图 6-9 所示是两次执行 GetScoreLevel 存储过程后的结果。

图 6-9　两次执行 GetScoreLevel 存储过程后的结果

在第一次执行后，因为学号为 185067201 学生的 12101 课程的成绩低于 90 分，所以 @scoreLevel 未被赋值。而第二次执行后，学号为 183067101 学生的 12101 课程的成绩超过 90 分，所以@scoreLevel 被赋值为"优秀"。

任务要求 2：修改任务要求 1 中名称为 GetScoreLevel 的存储过程，完成存储过程的功能：输入学号和课程编号，查询该学号的学生相应课程的成绩，并根据成绩是否大于或等于 60 分，进行相应处理。如果大于或等于 60 分，输出合格；否则输出不及格。

实现过程：在 MySQL 命令行窗口中输入如下内容，修改存储过程：

```
DROP PRODUCE IF EXISTS `GetScoreLevel`;
DELIMITER $$
CREATE PROCEDURE `GetScoreLevel`(
   IN _sno VARCHAR(255),
   IN _cno VARCHAR(255),
   OUT scoreLevel VARCHAR(255))
BEGIN
   DECLARE escore BIGINT DEFAULT 0;
   SELECT Endscore
```

```
   INTO escore
   FROM score
   WHERE Sno = _sno AND Cno=_cno;

   IF escore < 60 THEN
      SET scoreLevel = '不及格';
   ELSE
       SET scoreLevel = '合格';
   END IF;
END$$
DELIMITER;
```

执行存储过程结果如图 6-10 所示。

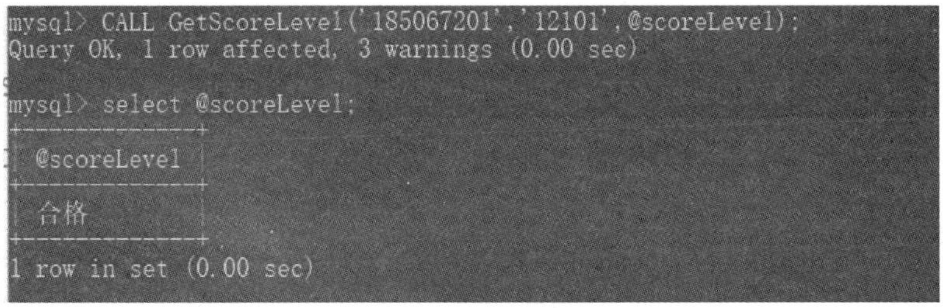

图 6-10　执行存储过程结果（1）

任务要求 3：修改任务要求 2 中名称为 GetScoreLevel 的存储过程，完成存储过程的功能。输入学号和课程编号，查询该学号的学生相应课程的成绩，并根据成绩是否大于或等于 60 分，是否大于或等于 90 分进行相应处理。如果大于等于 60 分小于 90 分，输出"合格"。如果大于或等于 90 分，输出"优秀"，如果小于 60 分，输出"不及格"。

实现过程：在 MySQL 命令行窗口中输入如下内容，修改存储过程：

```
DROP PRODUCE IF EXISTS `GetScoreLevel`;
DELIMITER $$
CREATE PROCEDURE `GetScoreLevel`(
   IN _sno VARCHAR(255),
   IN _cno VARCHAR(255),
   OUT scoreLevel VARCHAR(255))
BEGIN
   DECLARE escore BIGINT DEFAULT 0;
   SELECT Endscore
   INTO escore
   FROM score
   WHERE Sno = _sno AND Cno=_cno;
   IF escore < 60 THEN
      SET scoreLevel = '不及格';
   ELSEIF escore<90 THEN
       SET scoreLevel = '合格';
   ELSE
       SET scoreLevel = '优秀';
   END IF;
END$$
DELIMITER;
```

执行存储过程结果如图 6-11 所示。

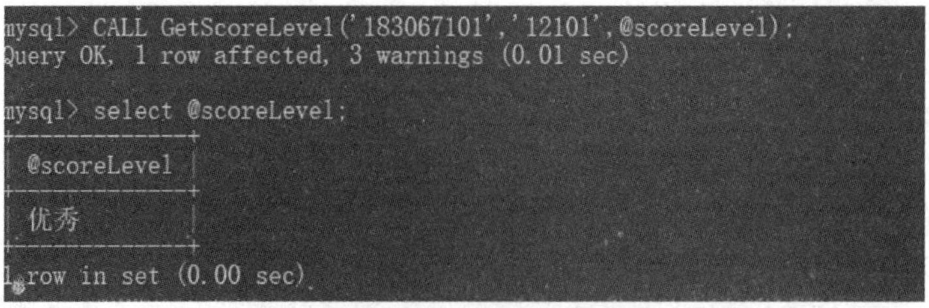

图 6-11　执行存储过程结果（2）

想一想：

上面的 IF 语句可否写成以下形式？

```
IF escore < 60 THEN
    SET scoreLevel = '不及格';
    ELSE
IF escore<90 THEN
        SET scoreLevel = '合格';
      ELSE
        SET scoreLevel = '优秀';
      END IF;
    END IF;
```

2. CASE 条件语句

任务要求 1：创建名称为 GetStudentGender 的存储过程，存储过程的作用是输入学号，在 student 表中查询该学号的学生对应的 Sex 字段值，如果该值为 0，则输出参数设为"女"，否则设为"男"。

实现过程 1：在 MySQL 命令行窗口中输入如下内容，创建存储过程：

```
DELIMITER $$
CREATE PROCEDURE `GetStudentGender`(
    IN  _sno          VARCHAR(255),
    OUT gender        VARCHAR(255)
)
BEGIN
    DECLARE _gender BIT;
SELECT
    Sex
INTO _gender FROM
    student
WHERE
    Sno = _sno;
    CASE _gender
        WHEN  0 THEN
          SET gender = '女';
        WHEN 1 THEN
          SET gender = '男';
    END CASE;
END$$
DELIMITER;
```

调用存储过程，输出结果如图 6-12 所示。

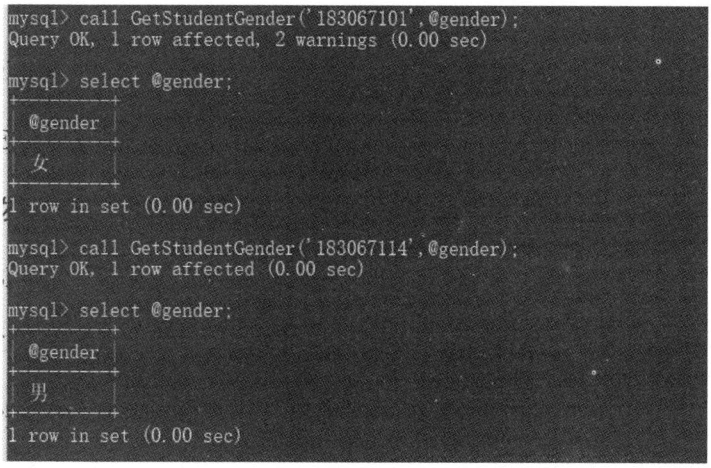

图 6-12　输出结果（1）

任务要求 2：创建名称为 GetScoreLevel2 的存储过程，存储过程的作用是输入学号和课程编号，在 score 表中查询该学号的学生相应课程的成绩，根据成绩进行等级判定。判定的标准如下：

[90,100] 优秀 ，[80,90) 良好， [70,80) 中等，[60,70) 及格，[0,60) 不及格

实现过程 2：在 MySQL 命令行窗口中输入如下内容，创建存储过程：

```
DELIMITER $$
CREATE PROCEDURE `GetScoreLevel2`(
    IN _sno VARCHAR(255),
    IN _cno VARCHAR(255),
    OUT scoreLevel VARCHAR(255))
BEGIN
    DECLARE escore BIGINT DEFAULT 0;
    SELECT Endscore
    INTO escore
    FROM score
    WHERE Sno = _sno AND Cno=_cno;
CASE
        WHEN escore < 60 THEN
            SET scoreLevel = '不及格';
     WHEN escore >= 60 AND escore <70 THEN
            SET scoreLevel = '及格';
        WHEN escore >= 70 AND escore <80 THEN
            SET scoreLevel = '中等';
        WHEN escore >= 80 AND escore <90 THEN
            SET scoreLevel = '良好';
        ELSE
            SET scoreLevel = '优秀';
END CASE;
END$$
DELIMITER;
```

调用存储过程，输出结果如图 6-13 所示。

```
mysql> CALL GetScoreLevel2('183067101','12101',@scoreLevel);
Query OK, 1 row affected, 3 warnings (0.00 sec)

mysql> select @scoreLevel;
+------------+
| @scoreLevel |
+------------+
| 优秀       |
+------------+
1 row in set (0.00 sec)

mysql> CALL GetScoreLevel2('183067101','14101',@scoreLevel);
Query OK, 1 row affected (0.00 sec)

mysql> select @scoreLevel;
+------------+
| @scoreLevel |
+------------+
| 中等       |
+------------+
1 row in set (0.00 sec)
```

图 6-13　输出结果（2）

任务三　循环

 任务提出

对于数据表中的多条记录，或者数据库中的多个表，有时会重复做一些相似的操作，或者执行相似的 SQL 命令。

任务分析

在不少实际问题中有许多具有规律性的重复操作，因此在程序中就需要重复执行某些语句。循环结构是在一定条件下反复执行某段程序的流程结构，能否继续重复，取决于循环的终止条件。被反复执行的程序称为循环体。

本任务的具体要求如下：
- 能使用 LOOP 语句实现循环结构。
- 能使用 WHILE 语句实现循环结构。
- 能使用 REPEAT 语句实现循环结构。

 相关知识

一、LOOP 循环语句

可以使用 LOOP 语句对数据进行循环处理，利用该语句可以循环执行指定的语句序列。LOOP 语句的基本语法格式如下：

```
[begin_label:] LOOP
    statement_list
END LOOP [end_label]
```

LOOP 可以在块的开头和结尾设置可选的标签 begin_label 和 end_label。

LOOP 将会重复执行 statement_list。statement_list 可以有一条或多条语句，每条语句以分号（;）作为分界符结束。

如果不做任何控制，LOOP 语句会一直循环下去，所以在通常情况下，会使用 LEAVE 语句来终止该循环。通过设置条件，当条件得到满足时，LEAVE 语句会终止循环。

下面是与 LEAVE 语句一起使用的 LOOP 语句的典型语法：

```
[label]: LOOP
    ...
    -- 终止循环
    IF condition THEN
        LEAVE [label];
    END IF;
    ...
END LOOP;
```

当条件成立时，LEAVE 语句立即退出循环。它的作用类似于其他编程语言（如 PHP、C/C++ 和 Java）中的 break 语句。

除 LEAVE 语句外，还可以使用 ITERATE 语句来跳过当前的循环体，开始新的循环。ITERATE 类似于其他编程语言中的 continue 语句。

二、WHILE 循环语句

WHILE 循环语句的作用是只要循环条件为真，就重复执行一个代码块。

下面是 WHILE 语句的基本语法：

```
[begin_label:] WHILE search_condition DO
    statement_list
END WHILE [end_label]
```

说明如下：首先，在 WHILE 关键字后面必须指定一个条件 search_condition。WHILE 在每次循环开始时检查 search_condition。如果 search_condition 的值为 TRUE，WHILE 就会执行 statement_list，否则结束循环。

WHILE 循环被称为预测试循环，它在 statement_list 执行之前检查 search_condition 是否满足，满足条件才会循环。

statement_list 为指定的一条或多条语句，在 DO 和 END WHILE 关键字之间执行。

begin_label 和 end_label 在循环结构的开始和结束处为 WHILE 语句指定可选的标签。

图 6-14 说明了 WHILE 循环语句的执行过程。

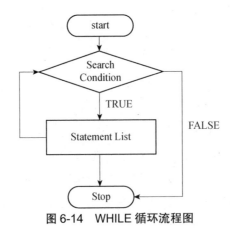

图 6-14　WHILE 循环流程图

三、REPEAT 循环语句

REPEAT 语句将重复执行一条或多条语句，直到条件为真时才停止。

下面是 REPEAT 循环语句的基本语法：

```
[begin_label:] REPEAT
    statement
UNTIL search_condition
END REPEAT [end_label]
```

REPEAT 将重复执行 statement 直到 search_condition 为真。REPEAT 在 statement 执行后才检查 search_condition，因此，语句总会至少执行一次，REPEAT 也被称为后测试循环。

REPEAT 语句可以在开始和结束时指定 begin_label 和 end_label 标签，这些标签是可选的。

图 6-15 说明了 REPEAT 循环语句的执行过程。

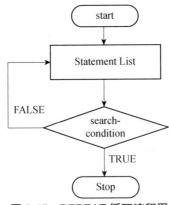

图 6-15　REPEAT 循环流程图

比一比：

LOOP、WHILE、REPEAT 循环有什么不同？

任务实施

1. LOOP 循环语句

任务要求：把 10 以内的偶数用逗号分隔输出（提示：2，4，6，8，10）。

配套解答

实现过程：在 MySQL 命令行窗口中输入如下内容，创建存储过程：

```
DELIMITER $$
CREATE PROCEDURE `LoopDemo`()
BEGIN
    DECLARE x  INT;
    DECLARE str  VARCHAR(255);
    SET x = 1;
    SET str = '';
    loop_label: LOOP
        IF  x > 10 THEN
            LEAVE  loop_label;
        END  IF;
        SET  x = x + 1;
        IF  (x mod 2) THEN
            ITERATE  loop_label;
        ELSE
            SET  str = CONCAT(str,x,',');
        END  IF;
    END LOOP;
    SELECT str;
END$$
DELIMITER;
```

调用存储过程，输出结果如图 6-16 所示。

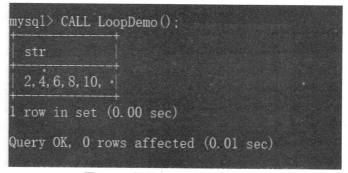

图 6-16　调用存储过程，输出结果

试一试：

把 10 以内的奇数用分号分隔输出。

---

2. WHILE 循环语句

任务要求：把从某个日期开始的连续若干天写入日历表中。

实现过程:

(1) 在 MySQL 命令行窗口中输入如下内容, 创建日历表:

```
CREATE TABLE `calendars` (
 `id` int(0) NOT NULL AUTO INCREMENT,
 `fulldate` date NULL DEFAULT NULL,
 `day` tinyint(0) NOT NULL,
 `month` tinyint(0) NOT NULL,
 `quarter` tinyint(0) NOT NULL,
 `year` int(0) NOT NULL,
 PRIMARY KEY (`id`)
);
```

(2) 在 MySQL 命令行窗口中输入如下内容, 创建存储过程把某天添加到日历表中:

```
DELIMITER $$
CREATE PROCEDURE `InsertCalendar`(dt DATE)
BEGIN
   INSERT INTO calendars(
       fulldate,
       day,
       month,
       quarter,
       year
   )
   VALUES(
       dt,
       EXTRACT(DAY FROM dt),
       EXTRACT(MONTH FROM dt),
       EXTRACT(QUARTER FROM dt),
       EXTRACT(YEAR FROM dt)
   );
END$$
DELIMITER;
```

(3) 在 MySQL 命令行窗口中输入如下内容, 创建一个新的存储过程 LoadCalendars(), 将从一个开始日期开始的若干天加载到日历表:

```
DELIMITER $$
CREATE PROCEDURE `LoadCalendars`(
   startDate DATE,
   day INT
)
BEGIN
   DECLARE counter INT DEFAULT 1;
   DECLARE dt DATE DEFAULT startDate;
   WHILE counter <= day DO
       CALL InsertCalendar(dt);
       SET counter = counter + 1;
       SET dt = DATE ADD(dt,INTERVAL 1 day);
   END WHILE;
END$$
DELIMITER;
```

说明:

(1) 存储过程 LoadCalendars()接收两个参数: startDate 是插入日历表中的起始日期; day

是从 startDate 开始加载的天数。

（2）在 LoadCalendars()存储过程中，首先声明一个 counter 和 dt 变量，用于保存即时值。counter 和 dt 的默认值分别为 1 和 startDate。然后，检查计数器是否小于或等于 day。如果是，调用存储过程 InsertCalendar()，向日历表插入一行，将计数器增加 1。同时，使用 DATE_ADD() 将 dt 增加一天。

WHILE 循环重复向日历表插入日期，直到计数器超过 day 时停止。

如图 6-17 所示的语句调用存储过程 LoadCalendars()，从 2021 年 1 月 1 日起向日历表加载 31 天。

```
mysql> CALL LoadCalendars('2021-01-01',31);
Query OK, 1 row affected (0.09 sec)
```

图 6-17 语句调用存储过程

执行完成后，日历表中的部分数据如图 6-18 所示。

id	fulldate	day	month	quarter	year
1	2021-01-01	1	1	1	2021
2	2021-01-02	2	1	1	2021
3	2021-01-03	3	1	1	2021
4	2021-01-04	4	1	1	2021
5	2021-01-05	5	1	1	2021
6	2021-01-06	6	1	1	2021
7	2021-01-07	7	1	1	2021
8	2021-01-08	8	1	1	2021
9	2021-01-09	9	1	1	2021
10	2021-01-10	10	1	1	2021
11	2021-01-11	11	1	1	2021
12	2021-01-12	12	1	1	2021
13	2021-01-13	13	1	1	2021
14	2021-01-14	14	1	1	2021
15	2021-01-15	15	1	1	2021
16	2021-01-16	16	1	1	2021

图 6-18 日历表中的部分数据

3. REPEAT 循环语句

任务要求：创建了一个名为 RepeatDemo 的存储过程，使用 REPEAT 语句连接 1 到 9 的数字。

实现过程：在 MySQL 命令行窗口中输入如下内容，创建存储过程：

```
DELIMITER $$
CREATE PROCEDURE `RepeatDemo`()
BEGIN
    DECLARE counter INT DEFAULT 1;
    DECLARE result VARCHAR(100) DEFAULT '';
    REPEAT
        SET result = CONCAT(result,counter,',');
        SET counter = counter + 1;
    UNTIL counter >= 10
    END REPEAT;
```

```
    -- 显示结果
    SELECT result;
END;
DELIMITER ;
```

说明：在这个存储过程中，首先声明两个变量 counter 和 result，并将其初始值设为 1 和 NULL。counter 变量用于在循环中从 1 到 9 的计数。result 变量用于存储每次循环迭代后的串联字符串。其次，使用 CONCAT()将计数器值追加到结果变量中，直到计数器大于或等于 10。

如图 6-19 所示的语句调用 RepeatDemo()存储过程。

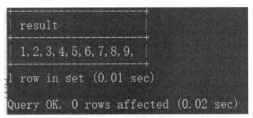

图 6-19　语句调用 RepeatDemo()存储过程

输出结果如图 6-20 所示。

```
+------------------------+
| result                 |
+------------------------+
| 1, 2, 3, 4, 5, 6, 7, 8, 9, |
+------------------------+
1 row in set (0.01 sec)

Query OK, 0 rows affected (0.02 sec)
```

图 6-20　输出结果

任务四　游标

 任务提出

在数据库开发过程中，如果用户检索的数据只是一条记录，使用 SELECT、INSERT 等语句就可解决。但是工作中用户常常会遇到这种情况，即从某一结果集中逐一读取一条记录。那么如何解决这种问题呢？

 任务分析

在默认情况下，SQL 语句处理的是整个结果集，而不是单个行。然而，有时可能需要一次处理结果集中的数据，比如，想得到结果集中的第一行、下一行或前 10 行的数据。要处理存储过程中的结果集，可使用游标。在数据库中，游标提供了一种对从表中检索出的数据进行操作的灵活手段。就本质而言，游标实际上是一种能从包括多条数据记录的结果集中每次提取一条记录的机制。

本任务的具体要求如下：

● 掌握游标的定义和作用。

- 掌握定义和操作游标的方法。
- 能灵活运用游标完成数据操作。

 相关知识

一、MySQL 游标简介

游标（Cursor）是处理数据的一种方法，为了查看或者处理结果集中的数据，游标提供了在结果集中一次一行或者多行前进或向后浏览数据的能力。可以把游标当作一个指针，它可以指定结果中的任何位置，然后允许用户对指定位置的数据进行处理。

游标总与一条 SQL 选择语句相关联。因为游标由结果集（可以是零条、一条或由相关的选择语句检索出的多条记录）和结果集中指向特定记录的游标位置组成。当决定对结果集进行处理时，必须声明一个指向该结果集的游标。游标能够实现按与传统程序读取平面文件类似的方式处理来自基础表的结果集，从而把表中的数据以平面文件的形式呈现给程序。

关系数据库管理系统实质是面向集合的，在 MySQL 中并没有一种描述表中单一记录的表达形式，除非使用 WHERE 子句来限制只有一条记录被选中。因此，用户必须借助于游标来进行面向单条记录的数据处理。由此可见，游标允许应用程序对查询语句 SELECT 返回的行结果集中每一行进行相同或不同的操作，而不是一次对整个结果集进行同一种操作；它还提供对基于游标位置而对表中数据进行删除或更新的能力。而且，正是游标把作为面向集合的数据库管理系统和面向行的程序设计两者联系起来，使两种数据处理方式能够进行沟通。

MySQL 中游标是只读的，不可滚动且不敏感的。只读说明无法通过游标更新基础表中的数据；不可滚动说明只能按 SELECT 语句确定的顺序获取行，无法以相反的顺序获取行，并且不能跳过行或跳转到结果集中的特定行。

游标有两种：敏感游标和不敏感游标。敏感游标指向实际数据，而不敏感游标使用数据的临时副本。敏感游标比不敏感游标执行得更快，因为它不必创建临时数据副本。但是，对来自其他连接的数据所做的任何更改都将影响敏感游标正在使用的数据，因此，如果不更新敏感游标正在使用的数据，则更安全。

MySQL 游标是不敏感的。

二、MySQL 游标的使用

1. 声明游标

在 MySQL 中使用 DECLARE 关键字来声明游标，并定义相应的 SELECT 语句，根据需要添加 WHERE 和其他子句。其语法的基本形式如下：

```
DECLARE cursor_name CURSOR FOR select_statement;
```

其中，cursor_name 表示游标的名称；select_statement 表示 SELECT 语句，可以返回一行或多行数据。

2. 打开游标

声明游标之后，要想从游标中提取数据，必须首先打开游标。在 MySQL 中，打开游标通过 OPEN 关键字来实现，其语法格式如下：

```
OPEN cursor_name;
```

其中，cursor_name 表示所要打开游标的名称。需要注意的是，打开一个游标时，游标并不指向第一条记录，而是指向第一条记录的前边。

在程序中，一个游标可以打开多次。用户打开游标后，其他用户或程序可能正在更新数据表，所以有时会导致用户每次打开游标后，显示的结果都不同。

3. 使用游标

游标顺利打开后，可以使用 FETCH...INTO 语句来读取数据，其语法形式如下：

```
FETCH cursor_name INTO var_name [,var_name]...
```

在上述语句中，将游标 cursor_name 中 SELECT 语句的执行结果保存到变量参数 var_name 中。变量参数 var_name 必须在游标使用之前定义。使用游标类似高级语言中的数组遍历，当第一次使用游标时，此时游标指向结果集的第一条记录。

MySQL 的游标是只读的，也就是说，只能依次从开始往后读取结果集，不能从后往前，也不能直接跳到中间的记录。

4. 关闭游标

游标使用完毕后，要及时关闭。在 MySQL 中，使用 CLOSE 关键字来关闭游标，其语法格式如下：

```
CLOSE cursor_name;
```

CLOSE 用于释放游标使用的所有内部内存和资源，因此每个游标不再需要时都应该关闭。

在一个游标关闭后，如果没有重新打开，则不能使用它。但是，使用声明过的游标不需要再次声明，用 OPEN 语句打开它就可以了。

如果不明确关闭游标，MySQL 将会在到达 END 语句时自动关闭它。游标关闭之后，就不能再使用 FETCH 来使用该游标。

 任务实施

任务要求：统计每位同学优秀的课程门数、良好的课程门数、中等的课程门数、及格的课程门数、不及格的课程门数。

配套解答

实现过程：

（1）在 MySQL 命令行窗口中输入如下内容，创建名称为 ScoreStatistics 的表，用于存储统计的结果。

```
CREATE TABLE `ScoreStatistics` (
 `Sno` varchar(255) CHARACTER SET utf8 COLLATE utf8_general_ci NOT NULL COMMENT
```

```
'学号',
  `Excellent` int(0) NULL DEFAULT 0 COMMENT '优秀的课程门数',
  `Good` int(0) NULL DEFAULT 0 COMMENT '良好的课程门数',
  `Medium` int(0) NULL DEFAULT 0 COMMENT '中等的课程门数',
  `Passed` int(0) NULL DEFAULT 0 COMMENT '及格的课程门数',
  `Failed` int(0) NULL DEFAULT 0 COMMENT '不及格的课程门数',
  PRIMARY KEY (`Sno`) USING BTREE
) ENGINE = InnoDB CHARACTER SET = utf8 COLLATE = utf8_general_ci ROW_FORMAT =
Dynamic;
```

（2）在 MySQL 命令行窗口中输入如下内容，创建名为 StatisticScore()的存储过程，输出参数为学号：

```
DELIMITER $$
CREATE  PROCEDURE StatisticScore (
   IN  sno VARCHAR(255) )
BEGIN
   DECLARE _score BIGINT DEFAULT 0;
        DECLARE done INT DEFAULT 0;
   -- 把与该学号相关的所有成绩信息写入到游标中。
   DECLARE cur_1 CURSOR FOR
SELECT Endscore FROM score WHERE sno=_sno;
   DECLARE CONTINUE HANDLER FOR SQLSTATE '02000' SET done = 1;
        -- 清除表中原有的数据
   DELETE FROM ScoreStatistics WHERE sno=_sno;
        -- 新增一条初始记录
   INSERT INTO ScoreStatistics VALUES(_sno,0,0,0,0,0);
   OPEN cur_1;
        -- 遍历游标，每拿到一个成绩，进行相关的更新
   REPEAT
   FETCH cur_1 INTO _score;
   IF NOT done THEN
      CASE
        WHEN _score < 60 THEN
            UPDATE ScoreStatistics SET failed=failed+1 WHERE Sno=_sno;
     WHEN _score >= 60 AND _score <70 THEN
            UPDATE ScoreStatistics SET passed=passed+1 WHERE Sno=_sno;
       WHEN _score >= 70 AND _score <80 THEN
            UPDATE ScoreStatistics SET medium=medium+1 WHERE Sno=_sno;
       WHEN _score >= 80 AND _score <90 THEN
            UPDATE ScoreStatistics SET good=good+1 WHERE Sno=_sno;
        ELSE
UPDATE ScoreStatistics SET excellent=excellent+1 WHERE Sno=_sno;
    END CASE;
    COMMIT;
  END IF;
UNTIL done END REPEAT;
END$$
DELIMITER ;
```

当前成绩表的数据如图 6-21 所示。而统计表中的数据如图 6-22 所示。执行存储过程，结果如图 6-23 所示。

Sno	Cno	Uscore	Endscore
183067101	12101	85.0	99
183067101	14101	80.0	78
183067101	14201	90.0	91
183067114	50103	60.0	60
183067114	12101	70.0	71
183067114	14101	65.0	60
183067115	50103	80.0	86
183067115	12101	80.0	83
183067115	14101	75.0	78
183067115	14201	90.0	93
184061211	50103	75.0	66
184061211	12101	60.0	61
185067201	20411	70.0	69
185067201	50103	80.0	78
185067201	12101	85.0	84
185067201	14305	75.0	71
185067201	14201	65.0	65
185067228	14305	60.0	79

18 rows in set (0.00 sec)

图 6-21　当前成绩表的数据

```
mysql> select * from scorestatistics;
Empty set (0.00 sec)
```

图 6-22　统计表中的数据

```
mysql> CALL StatisticScore('183067101');
Query OK, 0 rows affected, 1 warning (0.01 sec)
```

```
mysql> select * from scorestatistics;
```

Sno	Excellent	Good	Medium	Passed	Failed
183067101	2	0	1	0	0

1 row in set (0.00 sec)

```
mysql> CALL StatisticScore('185067201');
Query OK, 0 rows affected (0.02 sec)

mysql> SELECT * FROM ScoreStatistics;
```

Sno	Excellent	Good	Medium	Passed	Failed
183067101	2	0	1	0	0
185067201	0	1	2	2	0

2 rows in set (0.00 sec)

图 6-23　执行存储过程的结果

习　　题

一、选择题

1. 在 MySQL 中存储过程的建立以关键字(　　　)开始,后面仅跟存储过程的名称和参数。

A. CREATE FUNCTION　　　　　　　　　　B. CREATE TRIGGER

C. CREATE PROCEDURE D. CREATE VIEW

2. 下列关于存储过程名描述错误的是（　　）。

A. MySQL 的存储过程名称不区分大小写

B. MySQL 的存储过程名称区分大小写

C. 存储过程名不能与 MySQL 数据库中的内置函数重名

D. 存储过程的参数名不要跟字段名一样

3. 下面声明变量正确的是（　　）。

A. DECLARE x char(10) DEFAULT 'outer '

B. DECLARE x char DEFAULT 'outer '

C. DECLARE x char(10) DEFAULT outer

D. DECLARE x DEFAULT 'outer '

4. 从 tb_sutdent 表中将名称为 mrsoft 的用户赋值给 host，以下 SQL 语句正确的是（　　）。

A. SELECT host INTO name FROM tb_sutdent WHERE name ='mrsoft';

B. SELECT name INTO host FROM tb_sutdent WHERE name= 'LeonSK ';

C. SELECT name INTO host FROM tb_sutdent WHERE name='mrsoft';

D. SELECT name INTO host FROM tb_sutdent WHERE name= 'mrsoft';

5. 光标的一般使用步骤，以下正确的是（　　）。

A. 声明光标 使用光标 打开光标 关闭光标

B. 打开光标 声明光标 使用光标 关闭光标

C. 声明光标 打开光标 选择光标 关闭光标

D. 声明光标 打开光标 使用光标 关闭光标

6. 下列控制流程语句中，MySQL 存储过程不支持（　　）。

A. WHILE B. FOR C. LOOP D. REPEAT

7. 下列关于存储过程和存储函数的描述中错误的是（　　）。

A. 存储过程可以使用 SELECT 语句返回结果集，但是存储函数则不能使用 SELECT 语句返回结果集

B. 查看存储过程和函数的状态都可以使用 SHOW STATUS 语句

C. 存储过程和存储函数可以实现相同的功能

D. 存储过程和存储函数都可以是一组 SQL 语句的组合

8. 调用存储函数使用（　　）关键字。

A. CALL B. LOAD C. CREATE D. SELECT

9. 在 MySQL 中，可以通过（　　）语句来查看存储过程和函数的定义。

A. SHOW CREATE B. SHOW STATUS

C. SHOW PROCEDURE D. SHOW FUNCTION

10. 下面（　　）是删除存储过程的关键字。

A. CREATE B. DROP C. ALERT D. DELETE

二、填空题

1. 一个存储过程通常包括＿＿＿＿＿、＿＿＿＿＿参数列表，还可以包括＿＿＿＿＿。

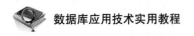

2. 在存储过程的参数中，_____表示输入参数；_____表示输出参数；_____表示既可以输入也可以输出。

3. 在 MySQL 中，创建存储过程时，使用_____语句；创建存储函数时，使用_____语句。

4. 在 MySQL 中使用_____语句来删除存储过程；通过_____语句来删除存储函数。

5. MySQL 存储过程的语句块以_____开始，以_____结束。

6. 在 MySQL 中，局部变量以关键字_____声明，后跟变量名和变量类型。

7. MySQL 中的会话变量不必声明即可使用，会话变量在整个过程中有效，会话变量名以字符_____作为起始字符。

8. 在 MySQL 中可以使用_____关键字为变量赋值，也可以使用_____语句为变量赋值。

9. 在 MySQL 中，声明光标使用_____关键字；打开光标使用_____关键字；关闭光标使用_____关键字。

10. 在 MySQL 中，使用_____语句来调用存储过程。

三、操作题

1. 编程求 1～100 的和。

2. 假设数据库 ABC 中表 T1 有 10 条记录，请每隔一行读取其中的数据。

项目七　MySQL 触发器与函数

【学习目标】

- 掌握触发器的用法，能开发触发器实现自动处理逻辑。
- 掌握常用的 MySQL 内部数学函数的用法。
- 掌握常用的 MySQL 内部字符串函数的用法。
- 掌握常用的 MySQL 内部日期与时间函数的用法。
- 掌握自定义函数的定义和使用。

【项目描述】

在 MySQL 中有时我们要监视某种情况，并触发某种操作，这时我们就可以用到触发器。触发器是和表关联的特殊的存储过程，可以在插入、删除或修改表中的数据时触发执行，比数据库本身标准的功能有更精细和更复杂的数据控制能力。

MySQL 提供了大量的系统内置函数来方便用户进行数据处理。但每个用户在实际工作中总会有自身的特殊要求，为了能更方便地按用户的实际需要来处理数据，可以采用用户自定义函数。

本项目结合实际的工作任务，介绍了 MySQL 中触发器和函数的使用方法。内容包括触发器、创建触发器、使用触发器的语法、系统函数和自定义函数等。

任务一　触发器

 ## 任务提出

MySQL 语句在需要时被执行，存储过程也是如此。但是，如果你想要某条语句（或某些语句）在事件发生时自动执行，该怎么办呢？例如，每当增加一个顾客到某个数据库表时，都检查其电话号码格式是否正确；每当订购一个商品时，都从库存数量中减去订购的数量；无论何时删除一行，都在某个存档表中保留一个副本。

这些例子的共同之处是它们都需要在某个表发生更改时自动处理。

 ## 任务分析

触发器（Trigger）是 MySQL 提供给程序员和数据分析员来保证数据完整性的一种方法，

它是与表事件相关的特殊的存储过程，它的执行不是由程序调用，也不是手工启动，而是由事件来触发的。本任务的具体要求如下：

- 了解 MySQL 中触发器的概念。
- 掌握触发器的创建和删除。
- 掌握触发器的查看方法。

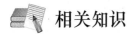 ## 相关知识

1. 触发器的定义

触发器是一种特殊的存储过程，它的执行是通过事件进行触发来被执行的，当对一个表进行操作（INSERT、DELETE、UPDATE）时就会激活它并执行。触发器经常用于加强数据的完整性约束和业务规则等。触发器类似于约束，但比约束更灵活，具有更精细和更强大的数据控制能力。

触发器的优点如下：

（1）触发器的执行是自动的，当对触发器相关表的数据做出相应的修改后立即执行。

（2）触发器可以通过数据库中相关的表进行层叠修改另外的表。

（3）触发器可以实施比 FOREIGN KEY 约束、CHECK 约束更为复杂的检查和操作。

但滥用触发器也会带来一些问题。触发器的缺点如下：

（1）使用触发器实现的业务逻辑在出现问题时很难进行定位，特别是涉及多个触发器的情况下，会使后期维护变得困难。

（2）大量使用触发器容易导致代码结构被打乱，增加了程序的复杂性。

（3）如果需要变动的数据量较大时，触发器的执行效率会非常低。

2. 创建触发器

MySQL 创建触发器的格式如下：

```
CREATE TRIGGER <触发器名称>
{BEFORE | AFTER}
{INSERT |UPDATE |DELETE}
ON <表名>
FOR EACH ROW
<触发器 SQL 语句>
```

下面对定义触发器各部分语法进行详细说明。

（1）表的拥有者即创建表的用户可以在表上创建触发器，而且一个表上可以创建多个触发器。

（2）CREATE TRIGGER <触发器名称>：创建一个新触发器，并指定触发器的名称。

（3）{ BEFORE | AFTER}：用于指定在 INSERT、UPDATE 或 DELETE 语句执行前触发还是在语句执行后触发。

想一想：

如果希望在删除记录时给操作者一个确认的机会，应该使用哪种触发方式？

（4）{INSERT | UPDATE | DELETE}。

● INSERT：将新行插入表时激活触发器，例如，通过 INSERT、LOAD DATA 和 REPLACE 语句。

● UPDATE：更改某一行时激活触发器，例如，通过 UPDATE 语句。

● DELETE：从表中删除某一行时激活触发器，例如，通过 DELETE 和 REPLACE 语句。

（5）ON <表名>：用于指定响应该触发器的表名。必须引用永久性表，不能将触发器与 TEMPORARY 表或视图关联起来。

（6）FOR EACH ROW：触发器的执行间隔，FOR EACH ROW 通知触发器每操作一行就执行一次动作，而不是对整个表执行一次。

（7）<触发器 SQL 语句>：触发器要执行的 SQL 语句，如果该触发器要执行多条 SQL 语句，要将多条语句放在 BEGIN…END 块中。

（8）触发器名称存在于方案的名称空间内，这意味着在一个方案中，所有的触发器必须具有唯一的名称，位于不同方案中的触发器可以具有相同的名称。

注意：

对于具有相同触发器动作时间和事件的给定表，不能有两个触发器。例如，对于某一表，不能有两个 BEFORE UPDATE 触发器。但可以有 1 个 BEFORE UPDATE 触发器和 1 个 BEFORE INSERT 触发器，或 1 个 BEFORE UPDATE 触发器和 1 个 AFTER UPDATE 触发器。

---

3. 删除触发器

一次可以删除一个触发器，如果没有指定 schema_name，默认为当前数据库，具体语法如下：

```
DROP TRIGGER [schema_name.]trigger_name
```

4. 查看触发器

触发器创建后可以通过两种方法查看触发器的定义、状态等信息。查看的方法分别为 SHOW TRIGGERS 和在系统表 TRIGGERS 中进行查看。

（1）使用 SHOW TRIGGERS 语句查看触发器信息：

```
SHOW TRIGGERS [FROM db_name] [LIKE expr];
```

其中，LIKE expr 待匹配的表达式（expr）会与触发器定义时所在的表的名称相比较，而不与触发器的名称相比较。

（2）在系统表 TRIGGERS 中查看触发器的信息。已定义好的触发器的信息都存储在 INFORMATION_SCHEMA 库的 TRIGGERS 表中，可以通过查看该表中的信息获取某个触发器的信息，查询语法如下：

```
SELECT * FROM INFORMATION_SCHEMA.TRIGGERS
WHERE condition;
```

 **任务实施**

1. 创建触发器

任务要求 1：定义 AFTER 触发器，当向 student 表中每插入一行数据，

配套解答

另一个表 num_student 中的 num 字段就进行累加。

实现过程 1：

（1）创建表 num_student。表的结构及初始数据如下：

```
DROP TABLE IF EXISTS `num_student`;
CREATE TABLE `num_student` (
 `id` int(0) NOT NULL AUTO_INCREMENT,
 `num` int(0) NULL DEFAULT NULL,
  PRIMARY KEY (`id`) ) ;
INSERT INTO `num_student` VALUES (1, 13);
```

（2）创建触发器。执行以下命令：

```
DELIMITER $$
CREATE TRIGGER tri_student AFTER INSERT ON student FOR EACH ROW
UPDATE num_student
SET num=num+1$$
DELIMITER;
```

（3）查询初始人数。当前人数为 13，如图 7-1 所示。

```
SELECT * FROM num_student;
```

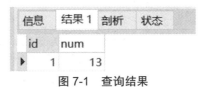

图 7-1　查询结果

（4）添加新学生信息。执行以下命令插入一条记录：

```
INSERT INTO `xsgl`.`student`(`Sno`, `Sname`, `Sex`, `Birth`, `ClsNo`, `Tcredit`)
VALUES ('185067229', '李飞', b'1', '2000-01-01', '1813202', 12.0);
```

（5）查看学生总人数。已经从原来的 13 人增加到了 14 人，如图 7-2 所示。

```
SELECT * FROM num_student;
```

图 7-2　学生总人数

学一学：

在 UPDATE 触发器代码内，可引用一个名为 NEW 的虚拟表来访问更新的值。

在 UPDATE 触发器代码内，可引用一个名为 OLD 的虚拟表来访问 UPDATE 语句执行前的值。

在 BEFORE UPDATE 触发器中，NEW 中的值可能也被更新，即允许更改将要用于 UPDATE 语句中的值。

OLD 虚拟表中的值全部是只读的，不能被更新。

任务要求 2：定义 AFTER 触发器，当向 student 表中删除一个学生数据时，级联删除成

绩表中与该生相关的所有成绩数据。

实现过程 2：

（1）创建触发器。

```
DELIMITER $$
CREATE TRIGGER tri_student_delete
AFTER DELETE ON student FOR EACH ROW
DELETE FROM score WHERE Sno=old.Sno;$$
DELIMITER;
```

（2）查询学生成绩表，如图 7-3 所示。

Sno	Cno	Uscore	Endscore
183067101	12101	85.0	99
183067101	14101	80.0	78
183067101	14201	90.0	91
183067114	50103	60.0	60
183067114	12101	70.0	71
183067114	14101	65.0	60
183067115	50103	80.0	86
183067115	12101	80.0	83
183067115	14101	75.0	78
183067115	14201	90.0	93
184061211	50103	75.0	66
184061211	12101	60.0	61
185067201	20411	70.0	69
185067201	50103	80.0	78
185067201	12101	85.0	84
185067201	14305	75.0	71
185067201	14201	65.0	65
185067228	14305	60.0	79

图 7-3　学生成绩表

（3）删除学生表中的某个学生（学号为 184061211 的学生）信息。

删除学生信息之前，成绩表如图 7-4 所示。

Sno	Sname	Sex	Birth	ClsNo	Tcredit
183067101	王小平	0	2000-01-01	1813202	14.0
183067108	王大平	0	2000-03-01	1813202	12.0
183067113	洪玉洁	0	1999-10-15	1813201	14.0
183067114	张泽斌	1	1900-01-20	1813201	14.0
183067115	赵一鹏	1	1900-01-20	1813201	12.0
184061101	李丽	0	1999-10-31	1824101	(Null)
184061102	张壮壮	1	2000-05-01	1824101	(Null)
184061211	李邦国	1	1900-01-19	1824201	15.0
184061217	余喜悦	0	1900-01-20	1824201	15.0
185067201	何晨光	1	1900-01-19	1813202	18.0
185067203	陈高杰	1	1900-01-20	1813202	14.0
185067220	钱如意	0	1900-01-20	1813202	12.0
185067221	王点点	0	1999-12-10	1813202	14.0
185067228	李阳阳	1	2000-01-01	1813202	12.0

图 7-4　删除学生信息之前的成绩表

删除学生信息之后，成绩表如图 7-5 所示。

Sno	Sname	Sex	Birth	ClsNo	Tcredit
183067101	王小平	0	2000-01-01	1813202	14.0
183067108	王大平	0	2000-03-01	1813202	12.0
183067113	洪玉洁	0	1999-10-15	1813201	14.0
183067114	张泽斌	1	1900-01-20	1813201	14.0
183067115	赵一鹏	1	1900-01-20	1813201	12.0
184061101	李丽	0	1999-10-31	1824101	(Null)
184061102	张壮壮	1	2000-05-01	1824101	(Null)
184061217	余喜悦	0	1900-01-20	1824201	15.0
185067201	何晨光	1	1900-01-19	1813202	18.0
185067203	陈高杰	1	1900-01-20	1813202	14.0
185067220	钱如意	1	1900-01-20	1813202	12.0
185067221	王点点	0	1999-12-10	1813202	14.0
185067228	李阳阳	1	2000-01-01	1813202	12.0

图 7-5　删除学生信息之后的成绩表

（4）查询学生成绩表，如图 7-6 所示。

Sno	Cno	Uscore	Endscore
183067101	12101	85.0	99
183067101	14101	80.0	78
183067101	14201	90.0	91
183067114	50103	60.0	60
183067114	12101	70.0	71
183067114	14101	65.0	60
183067115	50103	80.0	86
183067115	12101	80.0	83
183067115	14101	75.0	78
183067115	14201	90.0	93
185067201	20411	70.0	69
185067201	50103	80.0	78
185067201	12101	85.0	84
185067201	14305	75.0	71
185067201	14201	65.0	65
185067228	14305	60.0	79

图 7-6　查询学生成绩表的结果

注意：

要完成该任务，首先要把 score 表中的相关外键删除。

学一学：

在 DELETE 触发器代码内，可引用一个名为 OLD 的虚拟表来访问 DELETE 语句执行前的值。

2. 查看触发器

任务要求：查看当前数据库中的触发器信息。

实现过程：在 MySQL 命令行窗口中输入如下内容：

```
SHOW TRIGGERS \G
```

3. 删除触发器

任务要求：删除表 student 的触发器 tri_student。

实现过程：在 MySQL 命令行窗口中输入如下内容：

```
DROP TRIGGER tri_student;
```

任务二 系统函数

 ## 任务提出

MySQL 提供了很多功能强大、使用方便的函数。函数可以帮助开发者做很多事情，比如字符串的处理、数值和日期的运算等，可以极大地提高对数据库的管理效率。

 ## 任务分析

MySQL 提供了多种内置函数帮助开发人员简单快速地编写 SQL 语句，常用的函数包括数学函数、字符串函数、日期和时间函数等。

本任务的具体要求如下：
- 掌握常用数学函数的基本用法。
- 掌握常用字符串函数的基本用法。
- 掌握常用日期和时间函数的基本用法。

 ## 相关知识

1. 流程控制函数

流程控制函数是用来处理逻辑判定的，主要涉及条件判定。常用流程控制函数如表 7-1 所示。

表 7-1　常用流程控制函数

函数名称	功能简介
IF(expr1,expr2,expr3)	如果 expr1 为真（expr1 <> 0 并且 expr1 不是空的），IF() 返回 expr2。否则，它将返回 expr3
IFNULL(expr1,expr2)	如果 expr1 不是 NULL，IFNULL() 会返回 expr1；否则会返回 expr2
NULLIF(expr1,expr2)	如果 expr1 = expr2 为真，则返回 NULL，否则返回 expr1。这与 CASE WHEN expr1 = expr2 THEN NULL ELSE expr1 END 相同，返回值的类型与第一个参数相同

续表

函数名称	功能简介
CASE value WHEN compare_value THEN result [WHEN compare_value THEN result ...] [ELSE result] END	返回第一个满足 value=compare_value 的 result。如果没有满足的，则返回 ELSE 之后的 result；如果没有 ELSE 部分，则返回 NULL
CASE WHEN condition THEN result [WHEN condition THEN result ...] [ELSE result] END	返回第一个条件为真的 result。如果没有满足的条件，则返回 ELSE 之后的 result；如果没有 ELSE 部分，则返回 NULL

2. 数学函数

数学函数是用来处理数值数据方面的运算，例如，求绝对值、取整、生成随机数等。在使用数学函数过程中，如果有错误产生，该函数将会返回空值 NULL。

常用数字函数如表 7-2 所示。

表 7-2 常用数字函数

数学函数	功能简介
ABS(X)	返回 X 的绝对值
CEILING(X)或 CEIL(X)	返回不小于 X 的最小整数值
FLOOR(X)	返回不大于 X 的最大整数值
MOD(N，M)	返回 N 被 M 除后的余数
POW(X，Y)， POWER(X，Y)	返回 X 的 Y 乘方的结果值
SQRT(X)	返回一个非负数 X 的平方根
SIGN(X)	返回参数的符号为−1、0 或 1，取决于 X 是负数、零或正数
EXP(X)	返回 e（自然对数的基数）的 X 次幂的值。这个函数的逆函数是 LOG()（只使用一个参数）或 LN()
LN(X)	返回 X 的自然对数；也就是说，X 的基数 e 对数
LOG(X)，LOG(B，X)	如果调用时有一个参数，该函数返回 X 的自然对数
LOG10(X)	返回 X 的以 10 为底的对数。如果 X 小于或等于 0.0E0，函数返回 NULL，并警告"对数的无效参数"
LOG2(X)	返回 X 的以 2 为底的对数。如果 X 小于或等于 0.0E0，函数返回 NULL，并警告"对数的无效参数"
PI()	返回 π(pi)的值，默认显示的小数点位数为 7，但 MySQL 内部使用完整的双精度值
RAND()，RAND(N)	返回一个随机浮点值 v，范围在 0 到 1 之间（即其范围为 0≤v<1.0）。若已指定一个整数参数 N，则它被用作种子值，用来产生重复序列
ROUND(X)，ROUND(X，D)	返回参数 X，其值接近于最近似的整数。在有两个参数的情况下，返回 X，其值保留到小数点后 D 位，而第 D 位的保留方式为四舍五入。若要按保留 X 值小数点左边的 D 位，可将 D 设为负值

续表

数学函数	功能简介
TRUNCATE(X，D)	返回数字 X，截断到小数点后的 D 位。如果 D 为 0，结果没有小数点或小数部分。D 可以是负数，使 X 值的小数点左边的 D 位成为零
CONV(N，from_base，to_base)	在不同的数位基数之间转换数字。返回一个数字 N 的字符串表示，从基数 from_base 转换到基数 to_base。如果任何参数为 NULL，则返回 NULL。参数 N 被解释为一个整数，但可以指定为一个整数或一个字符串。最小基数是 2，最大基数是 36。如果 from_base 是一个负数，N 被视为有符号的数字。否则，N 被视为无符号数。CONV()以 64 位精度工作
SIN(X)	返回 X 的正弦值，其中 X 的单位是弧度
COS(X)	返回 X 的余弦，其中 X 的单位是弧度
COT(X)	返回 X 的余切值
TAN(X)	返回 X 的正切值，其中 X 的单位是弧度
RADIANS(X)	返回参数 X，从度数转换为弧度（注意，π 弧度等于 180 度）
DEGREES(X)	返回参数 X，从弧度转换为度

3. 字符串函数

字符串函数主要用来处理字符串数据。在 MySQL 中字符串函数主要有计算字符长度函数、字符串合并函数、字符串转换函数、字符串比较函数、查找指定字符串位置函数等。常用字符串函数如表 7-3 所示。

表 7-3　常用字符串函数

名　称	描　述
ASCII()	返回最左边字符的数值
BIN()	返回一个包含数字的二进制表示的字符串
BIT_LENGTH()	以位为单位返回参数的长度
CHAR()	返回传递的每个整数的字符
CHAR_LENGTH()	返回参数中的字符数
CHARACTER_LENGTH()	CHAR_LENGTH() 的同义词
CONCAT()	返回连接的字符串
CONCAT_WS()	返回连接分隔符
ELT()	返回索引号处的字符串
EXPORT_SET()	返回一个字符串，对于在 value 位中设置的每个位，会得到一个 on 字符串，对于每个未设置的位，会得到一个 off 字符串
FIELD()	后续参数中第一个参数的索引（位置）
FIND_IN_SET()	第二个参数中第一个参数的索引（位置）
FORMAT()	返回格式化为指定小数位数的数字
FROM_BASE64()	解码 base 64 编码的字符串并返回结果
HEX()	十进制或字符串值的十六进制表示

名　　称	描　　述
INSERT()	在指定位置插入子字符串
INSTR()	返回子字符串第一次出现的索引
LCASE()	LOWER() 的同义词
LEFT()	返回指定的最左边的字符数
LENGTH()	以字节为单位返回字符串的长度
LIKE	简单的模式匹配
LOAD_FILE()	加载命名文件
LOCATE()	返回子字符串第一次出现的位置
LOWER()	以小写形式返回参数
LPAD()	返回字符串参数，从左边填充指定的字符串
LTRIM()	删除前导空格
MAKE_SET()	返回一组逗号分隔的字符串，这些字符串在位设置中具有相应的位
MATCH()	执行全文搜索
MID()	返回从指定位置开始的子字符串
NOT LIKE	简单模式匹配的否定
NOT REGEXP	REGEXP 的否定
OCT()	返回一个包含数字的八进制表示的字符串
OCTET_LENGTH()	LENGTH() 的同义词
ORD()	返回参数最左边字符的字符代码
POSITION()	LOCATE() 的同义词
QUOTE()	转义参数，在 SQL 语句中使用
REGEXP	字符串是否匹配正则表达式
REGEXP_INSTR()	匹配正则表达式的子字符串的起始索引
REGEXP_LIKE()	字符串是否匹配正则表达式
REGEXP_REPLACE()	替换匹配正则表达式的子字符串
REGEXP_SUBSTR()	返回匹配正则表达式的子字符串
REPEAT()	将字符串重复指定的次数
REPLACE()	替换出现的指定字符串
REVERSE()	反转字符串中的字符
RIGHT()	返回指定的最右边的字符数
RLIKE	字符串是否匹配正则表达式
RPAD()	附加字符串指定的次数
RTRIM()	删除尾随空格
SOUNDEX()	返回一个 SOUNDEX 字符串
SOUNDS LIKE	比较声音

续表

名　　称	描　　述
SPACE()	返回指定空格数的字符串
STRCMP()	比较两个字符串
SUBSTR()	返回指定的子字符串
SUBSTRING()	返回指定的子字符串
SUBSTRING_INDEX()	在指定的分隔符出现次数之前从字符串中返回一个子字符串
TO_BASE64()	返回转换为 base-64 字符串的参数
TRIM()	删除前导和尾随空格
UCASE()	UPPER() 的同义词
UNHEX()	返回一个包含数字的十六进制表示的字符串
UPPER()	转换为大写
WEIGHT_STRING()	返回字符串的权重字符串

4．日期和时间函数

日期和时间函数主要用来处理日期和时间的值，一般的日期函数除了使用 DATE 类型的参数外，也可以使用 DATETIME 或 TIMESTAMP 类型的参数，只是忽略了这些类型值的时间部分。常用日期和时间函数如表 7-4 所示。

表 7-4　常用日期和时间函数

日期和时间函数	功能简介
now()	获得当前日期+时间（date+time）
str_to_date(str，format)	字符串转换为日期。str 为日期字符串，format 为格式串
DATEDIFF(expr1，expr2)	返回两个日期相减（expr1−expr2）相差的天数
DATE_ADD (date，INTERVAL expr unit)	为给定的日期 date 加上（add）一个时间间隔值 expr。INTERVAL 是间隔类型关键字 expr 是一个表达式，对应后面的类型 unit 是时间间隔的单位（间隔类型）
DATE_SUB (date，INTERVAL expr unit)	为给定的日期 date 减去一个时间间隔值 expr
date_format(date，format)	能够把一个日期转换成各种各样的字符串格式
time_format(time，format)	能够把一个时间转换成各种各样的字符串格式

在 format 字符串中可使用如表 7-5 所示说明符来定义格式。

表 7-5　说明符

说明符	说　　明
%a	工作日的缩写名称（Sun～Sat）
%b	月份的缩写名称（Jan～Dec）
%c	月份，数字形式（0～12）

说明符	说　明
%D	带有英语后缀的该月日期（0th，1st，2nd，3rd，…）
%d	该月日期，数字形式（00～31）
%e	该月日期，数字形式（0～31）
%f	微秒（000000～999999）
%H	小时（00～23）
%h	小时（01～12）
%I	小时（01～12）
%i	分钟，数字形式（00～59）
%j	一年中的天数（001～366）
%k	小时（0～23）
%l	小时（1～12）
%M	月份名称（January～December）
%m	月份，数字形式（00～12）
%p	上午（AM）或下午（PM）
%r	时间，12 小时制（小时 hh:分钟 mm:秒数 ss 后加 AM 或 PM）
%S	秒（00～59）
%s	秒（00～59）
%T	时间，24 小时制（小时 hh:分钟 mm:秒数 ss）
%U	周（00～53），其中周日为每周的第一天
%u	周（00～53），其中周一为每周的第一天
%V	周（01～53），其中周日为每周的第一天；和 %X 同时使用
%v	周（01～53），其中周一为每周的第一天；和 %x 同时使用
%W	工作日名称（周日～周六）
%w	一周中的每日（0=周日～6=周六）
%X	该周的年份，其中周日为每周的第一天，数字形式，4 位数；和%V 同时使用
%x	该周的年份，其中周一为每周的第一天，数字形式，4 位数；和%v 同时使用
%Y	年份，数字形式，4 位数
%y	年份，数字形式（2 位数）
%%	'%' 文字字符

 任务实施

配套解答

1. 流程控制函数

任务要求 1：在 student 表中现在的信息如图 7-7 所示。

Sno	Sname	Sex	Birth	ClsNo	Tcredit
▶ 183067101	王小平	0	2000-01-01	1813202	14.0
183067108	王大平	0	2000-03-01	1813202	12.0
183067113	洪玉洁	0	1999-10-15	1813201	14.0
183067114	张泽斌	1	1900-01-20	1813201	14.0
183067115	赵一鹏	1	1900-01-20	1813201	12.0
184061101	李丽	0	1999-10-31	1824101	(Null)

图 7-7　student 表中现在的信息

根据 Sex 字段的值是 0，输出女，值是 1，输出男。输出信息如图 7-8 所示。

Sno	Sname	性别
▶ 183067101	王小平	女
183067108	王大平	女
183067113	洪玉洁	女
183067114	张泽斌	男
183067115	赵一鹏	男
184061101	李丽	女

图 7-8　输出信息

实现过程 1：在 MySQL 命令行窗口中输入如下内容：

```
SELECT Sno,Sname,IF(Sex=0,'女','男') as 性别 FROM student;
```

任务要求 2：student 表中有部分学生的学分字段 Tcredit 的值为 Null，现需要把 Null 值改成 0，其他值不变。改变前如图 7-9 所示。

信息	结果 1	剖析	状态		
Sno		Sname		Tcredit	
▶ 183067101		王小平		14.0	
183067108		王大平		12.0	
183067113		洪玉洁		14.0	
183067114		张泽斌		14.0	
183067115		赵一鹏		12.0	
184061101		李丽		(Null)	
184061102		张壮壮		(Null)	
184061217		余喜悦		15.0	
185067201		何晨光		18.0	

图 7-9　改变前

改变之后如图 7-10 所示。

Sno	Sname	Tcredit
▶ 183067101	王小平	14.0
183067108	王大平	12.0
183067113	洪玉洁	14.0
183067114	张泽斌	14.0
183067115	赵一鹏	12.0
184061101	李丽	0.0
184061102	张壮壮	0.0
184061217	余喜悦	15.0

图 7-10　改变后

实现过程 2：在 MySQL 命令行窗口中输入如下内容：

```
UPDATE student SET Tcredit=IFNULL(Tcredit,0) ;
```

想一想：
还能用什么方法去实现任务？

任务要求3：输出学生的成绩等第。初始学生成绩表如图7-11所示。

Sno	Cno	Uscore	Endscore
▶ 183067101	12101	85.0	99
183067101	14101	80.0	78
183067101	14201	90.0	91
183067114	50103	60.0	60
183067114	12101	70.0	71
183067114	14101	65.0	60
183067115	50103	80.0	86
183067115	12101	80.0	83
183067115	14101	75.0	78
183067115	14201	90.0	93

图7-11 初始学生成绩表

要求最后输出如图7-12所示的信息。

Sno	Endscore	等第
▶ 183067101	99	优秀
183067101	78	中等
183067101	91	优秀
183067114	60	及格
183067114	71	中等
183067114	60	及格
183067115	86	良好
183067115	83	良好
183067115	78	中等
183067115	93	优秀
185067201	69	及格

图7-12 最后输出结果

实现过程3：在MySQL命令行窗口中输入如下内容：

```
SELECT Sno,Endscore,
CASE WHEN Endscore>=90 THEN '优秀'
     WHEN Endscore>=80 AND Endscore<90 THEN '良好'
     WHEN Endscore>=70 AND Endscore<80 THEN '中等'
     WHEN Endscore>=60 AND Endscore<70 THEN '及格'
     ELSE '不及格'
     END AS 等第
     FROM score;
```

2. 数学函数

任务要求1：输出-6的绝对值。

实现过程1：在MySQL命令行窗口中输入如下内容，得到如图7-13所示结果：

```
SELECT ABS(-6);
```

图 7-13　输出结果（1）

任务要求 2：返回不小于 1.3 的最小整数，不小于 -1.3 的最小整数。

实现过程 2：在 MySQL 命令行窗口中输入如下内容，得到如图 7-14 所示的结果：

```
SELECT CEIL(1.3),CEIL(-1.3);
```

图 7-14　输出结果（2）

任务要求 3：返回不大于 1.3 的最大整数，不大于 -1.3 的最大整数。

实现过程 3：在 MySQL 命令行窗口中输入如下内容，得到如图 7-15 所示的结果：

```
SELECT FLOOR(1.3),FLOOR(-1.3);
```

图 7-15　输出结果（3）

任务要求 4：返回 91 被 4 除后的余数。

实现过程 4：在 MySQL 命令行窗口中输入如下内容，得到如图 7-16 所示的结果：

```
SELECT MOD(91,4);
```

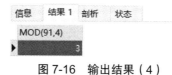

图 7-16　输出结果（4）

任务要求 5：返回 3 的 5 次方的结果值。

实现过程 5：在 MySQL 命令行窗口中输入如下内容，得到如图 7-17 所示的结果：

```
SELECT POW(3,5);
```

图 7-17　输出结果（5）

任务要求 6：返回 0 到 9 间的随机整数。

实现过程 6：在 MySQL 命令行窗口中输入如下内容，得到如图 7-18 所示的结果：

```
SELECT CEIL(RAND()*10);
```

图 7-18　输出结果（6）

任务要求 7：对实数 1.454 进行四舍五入，保留小数点后一位；保留小数点后二位；只保留整数部分。

实现过程 7：在 MySQL 命令行窗口中输入如下内容，得到如图 7-19 所示的结果：

```
SELECT ROUND(1.454,1),ROUND(1.454,2),ROUND(1.454);
```

图 7-19　输出结果（7）

3. 字符串函数

任务要求 1：返回字符串首字符的 ASCII 码，如返回"34"中的字符 3 的 ASCII 码值。

实现过程 1：在 MySQL 命令行窗口中输入如下内容，得到如图 7-20 所示的结果：

```
SELECT ASCII('34');
```

图 7-20　输出结果（8）

任务要求 2：把姓"张"，名"三丰"进行拼接，输出"张三丰"。

实现过程 2：在 MySQL 命令行窗口中输入如下内容，得到如图 7-21 所示的结果：

```
SELECT CONCAT('张','三丰');
```

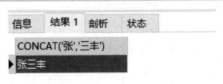

图 7-21　输出结果（9）

任务要求 3：获取字符串"我爱学习 MySQL"的字符个数和字节长度。

实现过程 3：在 MySQL 命令行窗口中输入如下内容，得到如图 7-22 所示的结果：

```
SELECT CHAR_LENGTH('我爱学习 MySQL') AS  字符串中的字符个数,LENGTH('我爱学习 MySQL') AS
字符串中的字节数;
```

图 7-22　输出结果（10）

注意：

其中 CHAR_LENGTH 函数，返回的是字符串中字符的个数。而 LENGTH 函数返回的是字符串的字节数（其中 1 个中文字符为 3 字节，1 个英文字符为 1 字节）。

任务要求 4：截取字符串"我爱学习 MySQL"中的 MySQL。

实现过程 4：在 MySQL 命令行窗口中输入如下内容，得到如图 7-23 所示结果：

```
SELECT SUBSTR('我爱学习 MySQL',5,5);
```

图 7-23　输出结果（11）

4. 日期和时间函数

任务要求 1：获得当前日期+时间。

实现过程 1：在 MySQL 命令行窗口中输入如下内容，得到如图 7-24 所示结果：

```
SELECT NOW();
```

图 7-24　输出结果（12）

任务要求 2：把日期字符串 2021 年 11 月 23 日转成日期类型数据。

实现过程 2：在 MySQL 命令行窗口中输入如下内容，得到如图 7-25 所示结果：

```
SELECT str_to_date('2021 年 11 月 23 日','%Y 年%m 月%d 日');
```

图 7-25　输出结果（13）

任务要求 3：把日期"2021-12-21"以字符串"2021 年 12 月 21 日"和"2021/12/21"输出。

实现过程 3：在 MySQL 命令行窗口中输入如下内容，得到如图 7-26 所示结果：

```
SELECT DATE_FORMAT('2021-12-21','%Y 年%m 月%d 日'),
DATE_FORMAT('2021-12-21','%Y/%m/%d');
```

图 7-26　输出结果（14）

任务要求 4：计算"2021-12-21"与"1985-12-10"相差多少天。

实现过程 4：在 MySQL 命令行窗口中输入如下内容，得到如图 7-27 所示结果：

```
SELECT  DATEDIFF('2021-12-21','1985-12-10');
```

图 7-27　输出结果（15）

任务要求 5：计算"2021-12-21"后 58 天是哪一天？

实现过程 5：在 MySQL 命令行窗口中输入如下内容，得到如图 7-28 所示结果：

```
SELECT DATE_ADD('2021-12-21',INTERVAL 58 DAY);
```

图 7-28　输出结果（16）

任务要求 6：计算"2021-12-21"前 38 天是哪一天？

实现过程 6：在 MySQL 命令行窗口中输入如下内容，得到如图 7-29 所示结果：

```
SELECT DATE_SUB('2021-12-21',INTERVAL 38 DAY);
```

图 7-29　输出结果（17）

任务三　自定义函数

📖 任务提出

MySQL 提供了很丰富的函数，通过这些函数，可以简化用户的操作，也可以自定义函数来提高代码的重用性。

➡️ 任务分析

在使用 MySQL 的时候，除了其内置的函数之外，还允许用户根据需要自己定义函数。用户定义的函数可以接受零个或多个输入参数，函数的返回值可以是一个数值，也可以是一个表。本任务介绍 MySQL 中用户自定义函数的创建、调用和管理的方法，有效实现数据库中程序模块化设计。

 相关知识

1. 创建自定义函数

在 MySQL 中，创建自定义函数的语法如下：

```
CREATE FUNCTION sp_name ([func_parameter[,...]])
RETURNS type [characteristic ...] routine_body
```

下面对创建存储自定义函数的各个部分语法进行详细说明。

（1）CREATE FUNCTION 创建自定义函数的关键字。

（2）sp_name 参数是自定义函数的名称。

（3）func_parameter 表示自定义函数的参数列表。

func_parameter 可以由多个参数组成，其中每个参数由参数名称和参数类型组成，其形式如下：

```
param_name typ
```

其中，param_name 参数是自定义函数的参数名称；type 参数指定自定义函数的参数类型，该类型可以是 MySQL 数据库的任意数据类型。

（4）RETURNS type 指定返回值的类型。

（5）characteristic 参数指定自定义函数的特性，该参数的取值与存储过程中的取值是一样的。

（6）routine_body 参数是 SQL 代码的内容，可以用 BEGIN…END 来标识 SQL 代码的开始和结束。

2. 自定义函数的调用

在 MySQL 中，自定义函数的调用方法与 MySQL 内部函数的调用方法是相同的。用户自己定义的函数与 MySQL 内部函数性质相同。区别在于，自定义函数是用户自己定义的，而内部函数是 MySQL 的开发者定义的。

 任务实施

配套解答

1. 创建自定义函数

任务要求 1：创建函数 fnCount，返回课程的门数。

实现过程 1：在 MySQL 命令行窗口中输入如下内容：

```
set global log_bin_trust_function_creators=TRUE;
CREATE FUNCTION fnCount()  RETURNS INTEGER
BEGIN
  RETURN (SELECT COUNT(*) FROM course);
END;
```

学一学：

```
log_bin_trust_function_creators
```

这个变量用于控制是否可以信任存储函数创建者，不会创建写入二进制日志引起不安全事件的存储函数。如果设置为 0（默认值），用户不得创建或修改存储函数。如果变量设置为 1，MySQL 不会对创建存储函数实施这些限制。

任务要求 2：创建函数 myuuid()，返回自动生成 uuid。

实现过程 2：在 MySQL 命令行窗口中输入如下内容：

```
DELIMITER $$
DROP FUNCTION IF EXISTS `MYUUID`$$
CREATE FUNCTION `myuuid`() RETURNS CHAR(36) CHARSET utf8
BEGIN
DECLARE my_uuid CHAR(36);
SET my_uuid=UUID();
RETURN REPLACE(my_uuid,'-','_');
END$$
DELIMITER ;
```

任务要求 3：创建一个函数将'2021-06-23 00:00:00'这样格式的 datetime 时间转化为'2021年 6 月 23 日 0 时 0 分 0 秒'这样的格式。

实现过程 3：在 MySQL 命令行窗口中输入如下内容：

```
DELIMITER $$
DROP FUNCTION IF EXISTS `getdate`$$
CREATE FUNCTION `getdate`(gdate datetime) RETURNS varchar(255)
BEGIN
DECLARE x VARCHAR(255) DEFAULT '';
SET x=DATE_FORMAT(gdate,'%Y 年%m 月%d 日%h 时%i 分%s 秒');
RETURN x;
END$$
DELIMITER ;
```

2. 调用自定义函数

任务要求 1：调用前面定义的自定义函数 fnCount()，获取课程门数。

实现过程 1：在 MySQL 命令行窗口中输入如下内容，得到如图 7-30 所示结果：

```
SELECT fnCount();
```

图 7-30　输出结果（18）

任务要求 2：调用前面定义的自定义函数 myuuid()。

实现过程 2：在 MySQL 命令行窗口中输入如下内容，得到如图 7-31 所示结果：

```
SELECT myuuid();
```

myuuid()
▶ 5c625f90_62f7_11ec_8be9_54bf642cfee1

图 7-31　输出结果（19）

任务要求 3：调用前面定义的自定义函数 getdate()，将'2017-12-23 12:12:23'这样格式的 datetime 时间转化为'2017 年 12 月 23 日 12 时 12 分 23 秒'这样的格式。

实现过程 3：得到如图 7-32 所示结果。

```
SELECT getdate('2017-12-23 12:12:23');
```

getdate('2017-12-23 12:12:23')
▶ 2017年12月23日12时12分23秒

图 7-32　输出结果（20）

习　　题

一、简答题

简述触发器的含义和作用。

二、实践题

在 product 表上创建三个触发器。每次激活触发器后，都会更新 operate 表。product 表的内容如表 7-6 所示，operate 表的内容如表 7-7 所示。

表 7-6　product 表内容

字段名	字段描述	数据类型	主键	外键	非空	唯一	自增
Id	产品编号	Int(10)	是	否	是	是	否
Name	产品功能	Varchar(20)	否	否	是	否	否
Function	主要功能	Varchar(50)	否	否	否	否	否
Company	生产厂家	Varchar(20)	否	否	是	否	否
Address	家庭住址	Varchar(20)	否	否	否	否	否

表 7-7　operate 表的内容

字段名	字段描述	数据类型	主键	外键	非空	唯一	自增
Op_id	编号	Int(10)	是	否	是	是	是
Op_type	操作方式	Varchar(20)	否	否	是	否	否
Op_time	操作时间	Time	否	否	是	否	否

按照下列要求进行操作：

（1）在 product 表上分别创建 BEFORE INSERT、AFTER UPDATE 和 AFTER DELETE 3个触发器，触发器名称分别为 product_bf_insert、product_af_update 和 product_af_del。执行语句部分都是向 operate 表插入操作方法和操作时间。

（2）对 product 表分别执行 INSERT、UPDATE 和 DELETE 操作。

（3）删除 product_bf_insert 和 product_af_update 这两个触发器。

项目八　事务和锁

【学习目标】

- 掌握事务的基本概念。
- 掌握事务的 ACID 属性。
- 了解事务的分类。
- 掌握事务隔离级。
- 掌握事务的相关操作命令。
- 掌握锁的相关概念。
- 掌握死锁的处理方法。

【项目描述】

数据库事务是数据库管理系统执行过程中的一个逻辑单位，由一个有限的数据库操作序列构成。如果某一事务成功，则在该事务中进行的所有数据修改均会提交，成为数据库中的永久组成部分。如果事务遇到错误且必须取消或回滚，则所有数据修改均被清除。

当多个用户同时访问一个数据库而没有进行锁定时，如果他们的事务同时使用相同的数据，可能会发生问题，甚至有可能出现死锁。

本项目介绍了对数据库多用户并发执行进行管理的方法，包括事务处理、并发控制、锁的类型、锁的使用和死锁等。

任务　事务和锁的应用

任务提出

在学生信息管理系统中，如果删除一个学生，需要既删除学生的基本资料，又删除和该学生相关的其他信息，如课程、成绩等。这些数据库操作必须同时生效才能保证数据库数据的完整性。

任务分析

事务是数据库中的单个逻辑工作单元，也是一个操作序列，它包含了一组数据库操作命令，所有的命令作为一个整体一起向系统提交或撤销。如果某一事务成功，则在该事务中进行的所有数据修改均会提交，成为数据库中的永久组成部分。如果事务遇到错误且必须取消或回滚，则所有数据修改均被清除。因此，事务是一个不可分割的工作逻辑单元，在 MySQL 中可应用事务来保证数据库的一致性和可恢复性。

本任务的具体要求如下：

（1）掌握事务的基本概念。

（2）掌握事务的 ACID 属性。

（3）了解事务的分类。

（4）掌握事务隔离级。

（5）掌握事务的相关操作命令。

（6）掌握锁的相关概念。

（7）掌握死锁的处理方法。

 相关知识

一、事务

1. 事务概述

一个数据库事务通常包含了一个序列的对数据库的读/写操作。它的存在包含有以下两个目的：

（1）为数据库操作序列提供了一个从失败中恢复到正常状态的方法，同时提供了数据库即使在异常状态下仍能保持一致性的方法。

（2）当多个应用程序在并发访问数据库时，可以在这些应用程序之间提供一个隔离方法，以防止彼此的操作互相干扰。

当事务被提交给了 DBMS（数据库管理系统），则 DBMS 需要确保该事务中的所有操作都成功完成且其结果被永久保存在数据库中，如果事务中有的操作没有成功完成，则事务中的所有操作都需要被回滚，回到事务执行前的状态，同时，该事务对数据库或者其他事务的执行无影响，所有的事务都好像在独立运行。

但在现实情况下，失败的风险很高。在一个数据库事务的执行过程中，有可能会遇上事务操作失败、数据库系统/操作系统失败，甚至是存储介质失败等情况。这就需要 DBMS 对一个执行失败的事务执行恢复操作，将其数据库状态恢复到一致状态，也就是数据的一致性得到保证的状态。为了实现将数据库状态恢复到一致状态的功能，DBMS 通常需要维护事务日志以追踪事务中所有影响数据库数据的操作。

注意：

在 MySQL 中只有使用了 InnoDB 数据库引擎的数据库或表才支持事务。

---

2. 事务的 ACID 属性

一个事务必须具备以下 4 种属性，也称作 ACID（每种属性英文名称的首字母缩写）属性。

1）原子性（Atomicity）

原子性意味着每个事务都必须被认为是一个不可分割的单元。假设一个事务由两个或者多个任务组成，其中的语句必须同时成功，才能认为事务是成功的。

2）一致性（Consistency）

不管事务是成功完成还是中途失败，当事务使系统中的所有数据处于一致的状态时存在一致性。当事务完成后，所有数据必须处于一致性（但不必相同）状态。即事务所修改的数据必须遵循数据库中各种约束要求，保持数据的完整性；在事务完成时，MySQL 所有内部数据结构（如索引与数据的链接等）必须得到更新。

3）隔离性（Isolation）

隔离性是指每个事务在它自己的空间发生，和其他发生在系统中的事务隔离，而且事务的结果只有在它完全被执行时才能看到。即使在这样的一个系统中同时发生了多个事务，隔离性原则也会保证某个特定事务在完全完成之前，其结果是看不见的。一个事务所做的修改数必须能够与其他事务所做的修改隔离开来，即在并发处理过程中，一个事务所看到的数据状态必须为另一个事务处理前或处理后的数据，而不能为正被其他事务所修改的数据。事务的隔离性通过锁来实现。

4）持久性（Durability）

持久性意味着一旦事务执行成功，在系统中产生的所有变化将是永久的。即使系统崩溃，一个提交的事务仍然存在。事务日志能够保证事务的永久性，MySQL 在每次启动时，它会自动修复数据库，并根据事务日志回滚所有数据库中未完成的事务。当一个事务完成，数据库的日志已经被更新时，持久性就开始发生作用了。

3. 事务分类

MySQL 中的事务有以下两种类型。

1）自动提交事务

MySQL 默认采用 AutoCommit 模式，系统默认每个 SQL 命令都是事务，由系统自动开始并提交，并不需要显式地执行事务。例如，"DELETE FROM student" 这是一条语句，其作用是删除数据表 student 中的所有记录，它本身就构成了一个事务，删除数据表 student 中的所有记录，要么全部删除成功，要么全部删除失败。

2）显式事务

每个事务均以 BEGIN 或 START TRANSACTION 语句显式开始，以 COMMIT 或 ROLLBACK 语句显式结束。这样，由用户来控制事务的开始和结束，在实际应用中，大多数的事务处理都采用显式定义的事务来处理。

4. 自动提交事务

自动提交模式是 MySQL 数据库引擎的默认事务管理模式，每个 SQL 语句在完成时，都被提交或回滚。如果一个语句成功地完成，则提交该语句；如果遇到错误，则回滚该语句。

例如，执行以下代码：

```
USE xsgl;
CREATE TABLE Temp(t1 INT PRIMARY KEY, t2 CHAR(3));
INSERT INTO Temp VALUES (1,'aaa');
INSERT INTO Temp VALUES (1, 'bbb' );   --主键值重复
```

第二条 INSERT 语句没有执行，第一条 INSERT 语句成功执行。

可使用 SET 来改变 MySQL 的自动提交模式：

```
SET AUTOCOMMIT=0 --禁止自动提交
SET AUTOCOMMIT=1 --开启自动提交
```

5. 显式事务

显式事务就是可以显式地在其中定义事务的开始和结束的事务。对事务可以进行的操作有开始事务、提交事务、回滚事务、设置保存点和删除保存点等。

1）开始事务

在 MySQL 中，显式地开始一个事务可以使用 BEGIN 或 START TRANSACTION 语句。

注意：

BEGIN 或 START TRANSACTION 语句并不一定是一个事务的起点，而是在执行到它们之后的第一个操作 InnoDB 表的语句时，事务才真正启动。

2）提交事务

在 MySQL 中，显式地结束一个事务可以使用 COMMIT 或者 COMMIT WORK 语句。COMMIT 是提交事务，它将事务开始以来所执行的所有数据都修改为数据库的永久部分，也标识一个事务的结束。

3）回滚事务

在 MySQL 中，可以使用 ROLLBACK 或者 ROLLBACK WORK 语句回滚事务。它可以使事务回滚到起点或者回滚到某个点，撤销自最近一条 BEGIN 或 START TRANSACTION 语句以后或者某个保存点后对数据库的所有更改。

语法格式：

```
ROLLBACK [WORK][ TO 保存点名];
```

4）设置保存点

如果要让事务回滚到某个保存点，在这之前需要使用 SAVEPOINT 语句来设置一个保存点。SAVEPOINT 的语法格式如下：

```
SAVEPOINT { 保存点名 };
```

如果在保存点被设置后，当前事务对数据进行了更改，则这些更改会在回滚中被撤销。

注意：

一个事务中可以有多个 SAVEPOINT。

5）删除保存点

可使用 RELEASE SAVEPOINT 命令来删除一个事务的保存点。RELEASE SAVEPOINT 的语法格式如下：

```
RELEASE SAVEPOINT { 保存点名 };
```

下面的代码显示了事务的执行过程：

```
USE xsgl;
```

```
START TRANSACTION;        --开始事务
UPDATE student SET ClsNo='1813202' WHERE ClsNo IS NULL;
SAVEPOINT T1;        --设置回滚点
DELETE FROM student WHERE Sno='195067228';
ROLLBACK TO T1;          --事务回滚到回滚点
INSERT INTO student(Sno,Sname,ClsNo)VALUES('195067229','张凡','1813202');
COMMIT TRANSACTION ;        --提交事务
```

在上述代码中，如果执行过程中间发生故障，则所有操作都不会生效。如果代码正常执行，其中的删除语句也不会生效。

注意：
即使事务中的 SQL 命令正确运行，但后面没有 COMMIT，结果将不会更新到数据库，必须要手动添加 COMMIT。

---

6. 事务隔离级

隔离是计算机安全学中的一种概念，其本质上是一种封锁机制。它是指自动数据处理系统中的用户和资源的相关牵制关系，也就是用户和进程彼此分开且与操作系统的保护控制也分开来。在 MySQL 中，事务隔离级是指一个事务和其他事务的隔离程度，即指定了数据库如何保护锁定那些当前正在被其他用户或服务器请求使用的数据。指定事务的隔离级与在 SELECT 语句中使用锁定选项来控制锁定方式具有相同的效果。在 MySQL 中有以下几种隔离级别。

1）读未提交（READ UNCOMMITTED）

执行脏读或 0 级隔离锁定，这表示不发出共享锁，也不接受排他锁。当设置该选项时，可以对数据执行未提交读或脏读；在事务结束前可以更改数据内的数值，行也可以出现在数据集中或从数据集消失。该选项的作用与在事务内所有语句中的所有表上设置 NOLOCK 相同。这是隔离级别中限制最小的级别。

2）读已提交（READ COMMITTED）

在读已提交级别中，数据库将保证如果一个事务没有完全执行成功（COMMIT 完成），事务中的操作对其他的事务是不可见的。在该隔离级别下，虽然杜绝了脏读的发生，但是还是存在着不可重复读以及幻读的问题。处于这一级的事务可以看到其他事务添加的新记录，而且其他事务对现存记录做出的修改一旦被提交，也可以看到。在此隔离级下，SELECT 命令不会返回尚未提交的数据，也不能返回脏数据。

3）读可重复（REPEATABLE READ）

读可重复是 MySQL 的默认隔离级别，它确保同一个事务的多个实例在并发读取数据时，会看到同样的数据。处于这一级的事务锁定查询中使用的所有数据以防止其他用户更新数据，禁止不可重复读取和脏读取，但是有时可能出现幻读。读取数据的事务将会禁止写事务（但允许读事务），写事务则禁止任何其他事务。在此隔离级下，用 SELECT 命令读取的数据在整个命令执行过程中不会被更改。

4）串行化（SERIALIZABLE）

串行化是隔离事务的最高级别，提供严格的事务隔离。它要求事务串行执行，事务只能一个接着一个地执行，不能并发执行。在此隔离级下，在整个 SELECT 命令执行的过程中设定的共享锁会一直存在。

不同的隔离级别会产生不同的现象，4 种事务隔离级别分别表现的现象如表 8-1 所示。

表 8-1　不同隔离级别的现象

隔离级别	脏读	不可重复读	幻读
读未提交	允许	允许	允许
读已提交	不允许	允许	允许
读可重复	不允许	不允许	允许
串行化	不允许	不允许	不允许

看一看：

脏读（Dirty Read）：一个事务可以读取另一个尚未提交事务的修改数据。

不可重复读（Nonrepeatable Read）：在同一个事务中，如果数据被其他事务修改，则不能重复读取该记录的原始值。

幻读（Phantom Read）：在同一事务中，同一查询多次进行时，由于其他插入操作（INSERT）的事务提交，导致每次返回不同的结果集。

在 MySQL 中，可以使用 SET TRANSACTION ISOLATION LEVEL 语句来设置事务的隔离级别。其语法格式如下：

```
SET TRANSACTION ISOLATION LEVEL
{
    READ UNCOMMITTED
    | READ COMMITTED
    | REPEATABLE READ
    | SNAPSHOT
    | SERIALIZABLE
};
```

另外，可通过下面的命令查看当前事务隔离级别：

```
SELECT @@tx_isolation;
```

二、锁

1. 锁概述

当多个用户同时访问一个数据库而没有进行锁定时，如果他们的事务同时使用相同的数据，可能会发生问题。这些由于同时操作数据库产生的问题称为并发问题，主要包括丢失更新、未确认的相关性（脏读）、不一致的数据（不可重复读）和幻读。

1）丢失更新（Lost Update）

当两个或多个事务选择了同一个数据更新要进行时，由于每个事务都不知道其他事务的存在，因此后进行的更新将重写由其他事务所做的更新，这将导致前面更新的数据丢失。

2）脏读（Dirty Read）

如果一个事务正在访问数据，而其他事务正在更新该数据，但尚未提交，此时就会发生脏读问题，即第一个事务所读取的数据是"脏"（不正确）数据，它可能会引起错误。

3）不可重复读（Unrepeatable Read）

如果一个事务多次读取同一个数据，但每次读取到了不同的内容，就会发生此问题。不可重复读与脏读有相似之处，因为该事务也正在读取其他事务正在更改的数据。当一个事务访问数据时，另外的事务也访问该数据并对其进行修改，因此就发生了由于第二个事务对数据的修改而导致的第一个事务两次读到的内容不一样的情况，这就是不可重复读。

4）幻读（Phantom Read）

当对某行执行插入或删除操作，而该行属于某个事务正在读取的行的范围时，会出现幻读问题，事务第一次读的行范围显示出其中一行已不复存在于第二次读或后续读中，因为该行已被其他事务删除。同样，由于其他事务的插入操作，事务的第二次或后续读显示有一行已不存在于原始读中。

MySQL 提供了用户并发访问数据库和操作数据库的方法，即允许多个用户在不同事务中对同一个数据进行访问，甚至进行修改操作，这给用户的使用带来了方便，但同时也导致了丢失更新、脏数据、不可重复读取和幻读数据等问题。

MySQL 通过锁来防止数据库并发操作过程中的问题。锁就是防止其他事务访问指定资源的手段，它是实现并发控制的重要方法，是多个用户能够同时操作同一个数据库中的数据而不发生数据不一致性现象的重要保障。

2. 锁定粒度

在 MySQL 中，可被锁定的资源从小到大分别是行、页、扩展盘区、表和数据库，被锁定的资源单位称为锁定粒度。锁定粒度不同，系统的开销将不同。

锁定粒度与数据库访问并发度是一对矛盾体，锁定粒度大，系统开销小，但并发度会降低；锁定粒度小，系统开销大，但并发度可提高。

根据锁的粒度不同，MySQL 有三种锁的级别：页面锁、表级锁、行级锁。

这三种锁的特性可大致归纳如下。

1）表级锁

表级锁开销小，加锁快；不会出现死锁；锁定粒度大，发生锁冲突的概率最高，并发度最低。

表级锁让多线程可以同时从数据表中读取数据，但是如果另一个线程想要写数据的话，就必须要先取得排他访问（默认加排他表锁）。更新数据时，必须要等到更新完成了，其他线程才能访问（读）这个表。

2）行级锁

行级锁开销大，加锁慢；会出现死锁；锁定粒度最小，发生锁冲突的概率最低，并发度也最高。

3）页面锁

页面锁开销和加锁时间介于表锁和行锁之间；会出现死锁；锁定粒度介于表锁和行锁之间，并发度一般。

在 MySQL 中不同数据库引擎使用的锁级别不同。MyISAM 和 MEMORY 存储引擎采用的是表级锁（Table-level Locking）；BDB 存储引擎采用的是页面锁（Page-level Locking），但也支持表级锁；InnoDB 存储引擎既支持行级锁（Row-level Locking），也支持表级锁，但在默认情况下采用行级锁。

3. 锁的类型

MySQL 数据库引擎使用不同的锁模式，这些锁模式确定了并发事务访问资源的方式。

1）排他锁

排他锁也称为写锁，一个写锁会阻塞其他的写锁或读锁，保证同一时刻只有一个连接可以写入数据，同时防止其他用户对这个数据的读写。排他锁可以防止并发事务对资源进行访问，其他事务不能读取或修改排他锁锁定的数据。对于那些修改数据的事务，例如 INSERT、UPDATE 和 DELETE 语句，系统自动所修改的事务上放置排他锁，排他锁就是在同一时间内只允许一个事务访问一种资源，其他事务都不能在有排他锁的资源上访问。只有当产生排他锁的事务结束之后，排他锁锁定的资源才能被其他事务使用。

2）共享锁

共享锁也称为读锁，读锁允许多个连接可以同一时刻并发地读取同一资源，互不干扰。共享锁允许并发事务读取一个资源。当一个资源上存在共享锁时，任何其他事务都不能修改数据。共享锁用于只读数据操作，它允许多个并发事务读取所锁定的资源，但禁止其他事务对锁定资源的修改操作。在默认情况下，当读取数据的事务读完数据之后，立即释放所占用的资源，一般而言，当使用 SELECT 语句访问数据时，系统自动对所访问的数据使用共享锁锁定。

3）意向锁

意向锁先提前声明一个意向，并获取表级别的意向锁。如果获取成功，则稍后对该表的某些行加锁。意向锁说明 MySQL 有在该锁所锁定资源的低层资源上获得共享锁或排他锁的意向，在表级锁中设置意向锁可以阻止其他事务获得该表的排他锁。意向锁又分为共享意向锁、排他意向锁和共享式排他意向锁三种。

共享意向锁：说明一个事务准备在共享意向锁所锁定资源的低层上放置共享锁来读取资源数据。

排他意向锁：说明一个事务准备在排他意向锁所锁定资源的低层资源上放置排他锁来修改其中的资源数据。

共享式排他意向锁：说明当前事务允许其他事务使用共享锁来并发读取顶层资源，并准备在该资源的低层资源上放置排他意向锁。

4）自增锁

自增锁又叫 AUTO_INC 锁（一般简写成 AI 锁），在表中有自增列（AUTO_INCREMENT）时出现。当插入表中有自增列时，数据库需要自动生成自增值，它会先为该表加 AUTO_INC 表锁，阻塞其他事务的插入操作，这样保证生成的自增值肯定是唯一的。AUTO_INC 锁具有如下特点：

（1）AUTO_INC 锁互不兼容，即同一张表只允许同时有一个自增锁。

（2）自增值一旦分配了就会+1，如果事务回滚，自增值也不会减回去，所以自增值可能会出现中断的情况。

5）间隙锁

间隙锁是一种加在两个索引之间的锁，或者加在第一个索引之前，或最后一个索引之后的间隙。这个间隙可以跨一个索引记录、多个索引记录，甚至是空的。使用间隙锁可以防止其他事务在这个范围内插入或修改记录，保证两次读取这个范围内的记录不会变，从而不会出现幻读现象。间隙锁和间隙锁之间是互不冲突的，间隙锁唯一的作用就是防止其他事务的插入，所以加间隙 S 锁和加间隙 X 锁没有任何区别。

6）记录锁

记录锁是最简单的行锁，当 SQL 语句无法使用索引时，会进行全表扫描，这个时候 MySQL 会给整张表的所有数据行加记录锁，再由 MySQL 服务器层进行过滤。但是，在 MySQL 服务器层进行过滤的时候，如果发现不满足 WHERE 条件，会释放对应记录的锁。这样做保证了最后只会持有满足条件记录上的锁，但是每条记录的加锁操作还是不能省略。所以更新操作必须要根据索引进行操作，没有索引时，不仅会消耗大量的锁资源，增加数据库的开销，还会极大地降低数据库的并发性能。

7）临键锁

临键锁又叫 Next-key 锁，是记录锁和间隙锁的组合，它指的是加在某条记录以及这条记录前面间隙上的锁。通常用左开右闭区间来表示 Next-key 锁。在读已提交隔离级别下没有 Next-key 锁，只有读可重复隔离级别才有。

三、死锁

1. 死锁概述

死锁是指两个或两个以上的进程在执行过程中，由于竞争资源或者由于彼此通信而造成的一种阻塞的现象，若无外力作用，它们都将无法推进下去。

两个用户分别锁定一个资源，之后双方又都等待对方释放所锁定的资源，就产生一个锁定请求环，从而出现死锁现象。死锁会造成资源的大量浪费，甚至会使系统崩溃。

在多用户环境下，数据库系统出现死锁现象是难免的。MySQL 数据库引擎自动检测 MySQL 中的死锁循环，并选择一个会话作为死锁牺牲品，然后终止当前事务（出现错误）来打断死锁。

2. 死锁产生必要条件

要出现死锁，必须同时满足以下 4 个条件。

1）互斥条件

互斥条件是指进程对所分配到的资源进行排他性使用，即在一段时间内某资源只由一个进程占用。如果此时还有其他进程请求资源，则请求者只能等待，直至占有资源的进程用毕释放。

2）请求和保持条件

请求和保持条件是指进程已经保持至少一个资源，但又提出了新的资源请求，而该资源已被其他进程占有，此时请求进程阻塞，但又对自己已获得的其他资源保持不放。

3）不剥夺条件

不剥夺条件是指进程已获得的资源，在未使用完之前，不能被剥夺，只能在使用完时由自己释放。

4）环路等待条件

环路等待条件是指在发生死锁时，必然存在一个"进程—资源"的环形链，即进程集合 $\{P_0, P_1, P_2, \cdots, P_n\}$ 中的 P_0 正在等待一个 P_1 占用的资源；P_1 正在等待 P_2 占用的资源，$\cdots$，P_n 正在等待已被 P_0 占用的资源。

3. 死锁预防

当系统发生死锁，以上 4 个条件必然成立，而只要上述条件之一不满足，就不会发生死锁。所以为减少出现死锁的次数，在设计应用程序时，用户需要遵循以下原则：

（1）尽量避免并发地执行涉及修改数据的语句。

（2）要求每个事务一次就将所有要使用的数据全部加锁，否则就不予执行。

（3）预先规定一个锁定顺序，所有的事务都必须按这个顺序对数据进行锁定。

（4）每个事务的执行时间不可太长，对程序段的事务可考虑将其分割为几个事务。

（5）使用尽可能低的隔离级别。

（6）数据存储空间离散法。即采用各种手段，将逻辑上在一个表中的数据分散到若干离散的空间上去，以便改善对表的访问性能。

（7）编写应用程序，让进程持有锁的时间尽可能短。

想一想：

生活中有没有类似死锁的现象发生？

 任务实施

任务要求 1：删除数据库 xsgl 中表 student 里 Sno 为 185067228 的学生信息，考虑到在表 score 中保存了该学生的成绩信息，出于数据一致性考虑，要求要么在表 score 和表 student 中都删除该学生信息，要么都不删除。

配套解答

实现过程 1：在 MySQL 命令行窗口中输入如下内容，或在 Navicat for MySQL 中新建一个查询，输入如下代码并执行。

```
USE xsgl;
BEGIN;
DELETE FROM student WHERE Sno='185067228'
DELETE FROM score WHERE Sno='185067228'
COMMIT;
```

注意：

单独的一个 DELETE 语句是一个自动提交事务，由数据库系统自动维护，使用 BEGIN 将两个自动提交事务设置为一个显式事务，保证两个 DELETE 语句要么同时执行，要么都不执行。如果采用了主键和外键约束，则删除操作不能成功执行。

任务要求 2：定义一个事务，向数据库 xsgl 的表 student 添加一行数据，然后删除该行数据，通过回滚使删除无效。

实现过程 2：在 MySQL 命令行窗口中输入如下内容，或在 Navicat for MySQL 中新建一个查询，输入如下代码并执行：

```
BEGIN;
USE xsgl;
INSERT INTO student VALUES('185067230', '李大河', 1, '1999-09-21', ' 1813202',
14);
SAVEPOINT My_sav;
DELETE FROM student WHERE Sno='185067230';
```

```
ROLLBACK TO My_sav;
COMMIT;
```

想一想：

为什么执行后，新插入的数据行并没有被删除？

任务要求 3：在数据库 xsgl 设置事务隔离级别 REPEATABLE READ。

实现过程 3：在 MySQL 命令行窗口中输入如下内容，或在 Navicat for MySQL 中新建一个查询，输入如下代码并执行：

```
USE xsgl;
SET TRANSACTION ISOLATION LEVEL REPEATABLE READ;
BEGIN;
SELECT * FROM student;
SELECT * FROM score;
COMMIT;
```

该语句设置了事务隔离级别为 REPEATABLE READ，对于每个后续 SQL 语句，MySQL 将所有共享锁一直保持到事务结束为止。

任务要求 4：在数据库 xsgl 应用隔离级别设置。

实现过程 4：在 Navicat for MySQL 中新建两个"查询编辑器"窗口，在第一个窗口中执行如下语句，更新课程表 course 中的信息：

```
USE xsgl;
BEGIN;
UPDATE course SET Cname='PYTHON 程序设计' WHERE Cno='10105';
```

由于代码中并没有执行 COMMIT 语句，所以数据变动操作实际上还没有最终完成。接下来，在另一个窗口中执行下列语句查询表 course 中的数据：

```
SELECT * FROM course;
```

结果窗口中将不显示任何查询结果，窗口底部提示"正在执行查询…"。

在第一个窗口中使用 ROLLBACK 语句回滚以上操作。这时使用 SET 语句设置事务的隔离级别为未提交读，执行如下语句：

```
SET TRANSACTION ISOLATION LEVEL READ UNCOMMITTED;
```

任务要求 5：在数据库 xsgl 中使用异常处理避免死锁。

实现过程 5：在 MySQL 命令行窗口中输入如下内容，或在 Navicat for MySQL 中新建一个查询，输入如下代码并执行：

```
DROP PROCEDURE IF EXISTS dlock;
DELIMITER //
CREATE PROCEDURE dlock()
BEGIN
 declare _row,_err int default 0;
 DECLARE CONTINUE  HANDLER FOR SQLEXCEPTION,SQLWARNING,NOT FOUND set _err=1;
 while _row<3 do
  START TRANSACTION;
    INSERT INTO score VALUES('185067230','10105',65,66);
SELECT* FROM score WHERE Sno='185067230';
  COMMIT;
  if _err=1 then
```

```
  break;
 end if;
 set _row=_row+1;
 end while;
END//
DELIMITER ;
call dlock();
```

该事务中由于使用了异常处理，因此在遇到死锁时，会根据指定的异常代码，结束当前任务的执行。

习　　题

一、填空题

1. 一个事务所做的修改必须能够与其他事务所做的修改隔离开来，这是事务的_____特性。

2. 可以使用_____语句进行显式事务的提交。

3. 在 MySQL 的锁模式中，_____用于只读数据操作，并且允许多个并发事务读取所锁定的资源，但禁止其他事务对锁定资源的修改操作。

二、选择题

1. 一个事务提交后，如果系统出现故障，则事务对数据的修改将（　　）。

A. 无效　　　　　　　　　　　　B. 有效

C. 事务保存点前有效　　　　　　D. 以上都不是

2. 以下与事务控制无关的关键字是（　　）。

A. ROLLBACK　　　B. COMMIT　　　C. DECLARE　　　D. BEGIN

3. MySQL 的锁不包括（　　）。

A. 共享锁　　　　B. 互斥锁　　　　C. 排他锁　　　　D. 意向锁

4. 下列关于避免死锁的描述中不正确的是（　　）。

A. 尽量避免并发地执行涉及修改数据的语句

B. 要求每个事务一次就将所有要使用的数据全部加锁，否则就不执行

C. 预先规定一个锁定顺序，所有的事务都必须按这个顺序对数据进行锁定

D. 每个事务的执行时间要尽可能得长

三、简答题

1. 举例说明事务的 ACID 属性及其含义。

2. 举例说明数据库在什么情况下会发生死锁以及怎样预防死锁的发生。

项目九　MySQL 备份和恢复

【学习目标】

- 掌握数据库备份和恢复的基本概念。
- 掌握数据库备份设备的管理。
- 掌握数据库备份、恢复的方法。
- 掌握数据库迁移的方法。
- 掌握数据导入、导出的方法。
- 掌握 Navicat for MySQL 导入/导出数据的方法。

【项目描述】

　　进行数据库备份及其事务日志的日常备份，对于维护数据库系统是非常重要的。数据库中数据的保存是个日积月累的过程，而数据库的破坏和数据丢失则可能在瞬间完成，因此，应该在意外发生之前做好充分的准备工作，以便在意外发生之后有应对的措施，能快速地恢复数据库的运行，并使丢失的数据量减少到最小。

　　在工作中数据有时要在不同用户、不同系统甚至不同计算机之间进行传递或交换，数据的导入和导出，数据库的迁移等操作也会经常用到。

　　本项目介绍对数据库进行备份和恢复的方法，包括数据库备份、数据库恢复、数据库迁移、数据导入与导出等操作。

任务一　数据库的备份和恢复

 任务提出

　　随着办公自动化和电子商务的飞速发展，企业对信息系统的依赖性越来越高，数据库作为信息系统的核心担任着重要的角色。尤其在一些对数据可靠性要求很高的行业，如银行、证券、电信等，如果发生意外停机或数据丢失，其损失会十分惨重。为此，数据库管理员应针对具体的业务要求制定详细的数据库备份与灾难恢复策略，并通过模拟故障对每种可能的情况进行严格测试，只有这样才能保证数据的高可用性。

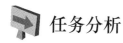 任务分析

　　数据库的备份是一个长期的过程，而恢复只在发生事故后进行，恢复可以看作是备份的逆过程，恢复程度的好坏很大程度上依赖于备份的情况。此外，数据库管理员在恢复时采取的步骤正确与否也直接影响最终的恢复结果。

　　本任务的具体要求如下：
- 掌握数据库备份和恢复的基本概念。
- 掌握数据库备份的方法。
- 掌握数据库恢复的方法。

 相关知识

一、数据库备份概述

　　数据的安全对于数据库管理系统来说是至关重要的，任何数据的丢失和危险都会带来严重的后果。数据库系统在运行过程中发生故障，就有可能威胁到数据安全。在 MySQL 数据库系统运行过程中，可能会出现以下三种故障。

　　1）系统故障

　　由于意外故障（例如突然断电）、软件错误（例如操作系统不稳定）导致内存中的数据或日志文件内容受损、事务处理终止，但是物理介质上的数据和日志并没有被破坏。

　　2）事务故障

　　事务故障是指事务运行由于某些原因（例如死锁）到最后没有得到正常提交而产生的故障。

　　3）介质故障

　　介质故障又叫硬故障，是指物理介质上的数据和日志被破坏的故障。通常是由于物理存储介质损坏或发生故障导致读写错误，或管理人员操作失误删除了重要数据文件和日志文件等。

　　通常 MySQL 系统本身可以修复系统故障和事务故障，一般不需管理人员干预。但介质故障则需要管理人员手工进行恢复。恢复的基础就是在发生故障以前做的数据库备份和日志记录。数据库管理人员需要掌握的备份与恢复技术主要就是针对介质故障的。

　　数据库备份就是对 MySQL 数据库或事务日志进行复制。数据库备份记录了在进行备份这一操作时数据库中所有数据的状态，以便在数据库遭到破坏时能够及时地将其恢复。

　　1. MySQL 备份方式

　　MySQL 备份方式有物理备份和逻辑备份两种。

　　1）物理备份

　　物理备份是对数据库操作系统的物理文件（如数据文件、日志文件等）的备份，就是利用命令（如 copy、xcopy 等）直接将数据库的存储数据文件复制一份或多份，分别存放在其他位置，以达到备份的效果。

　　数据备份期间，按照是否需要停止 MySQL 服务实例，可以将 MySQL 的数据备份分为冷

备份、温备份、热备份。

冷备份是指停止 MySQL 服务的运行后再进行数据备份，这种备份方法非常简单，但是在服务繁忙的系统中，并不允许这样做。

热备份是指不需要停止 MySQL 服务实例运行而进行备份数据的方法。如果数据库的更新操作较为频繁，在数据备份期间，备份过的数据可能早已发生变化，因此热备份的实现方式较为复杂。

温备份：温备份介于热备份与冷备份之间，温备份允许 MySQL 服务实例继续运行，备份数据期间，温备份借助读锁机制保证备份期间，没有新的数据写入。

通过物理备份在进行数据恢复时，需要注意新安装的数据的目录路径、版本、配置等与原数据要保持高度一致，否则会出现问题。

注意：

MyISAM 不支持热备份；InnoDB 支持热备份，但是需要专门的工具。

2）逻辑备份

逻辑备份是对数据库逻辑组件（如表等数据库对象）的备份，通常利用 MySQL 数据库自带的 mysqldump 命令，或者使用第三方的工具，把数据库里的数据以 SQL 语句的方式导成文件的形式。在需要恢复数据时，通过使用相关的命令（如 source）将备份文件里的 SQL 语句提取出来重新在数据库中执行一遍，从而达到恢复数据的目的。

2. 数据库备份的类型

根据数据库备份的策略不同，数据库备份可分为完全备份、差异备份、增量备份。

1）完全备份

完全备份将备份整个数据库，包括用户表、系统表、索引、视图和存储过程等所有数据库对象，适用于数据更新缓慢的数据库。这种方法按常规定期备份整个数据库，包括事务日志。当系统出现故障时，可以恢复到最近一次数据库备份时的状态，但自该备份后所提交的事务都将丢失。以下情况应采用完全备份。

（1）数据库较小。

（2）数据库具有很少的数据修改操作。

2）差异备份

差异备份是指只从最近一次完整备份数据库以后发生改变的数据开始记录。如果在完整备份后将某个文件添加到数据库，则下一个差异备份会包括该新文件。这样可以方便地备份数据库，而无须了解各个文件。与完整备份相比，差异备份占用的磁盘空间小，而且备份速度快，因此可以经常备份，以降低丢失数据的风险。

以下情况应采用差异备份：

（1）数据库数据修改频繁。

（2）需要进行最小化备份时。

3）增量备份

增量备份是指在一次完全备份或上一次增量备份后，只备份与前一次相比增加或者被修改的文件。也就是说，第一次增量备份的对象是进行完全备份后所产生的增加和修改的文件；第二次增量备份的对象是进行第一次增量备份后所产生的增加和修改的文件，依此类推。这种备份方式最显著的优点就是：没有重复的备份数据，备份的数据量不大，备份所需的时间很短。增量备份实现起来比较复杂，进行数据恢复也比较麻烦。

以下情况应采用增量备份。

（1）超大型数据库备份。

（2）完整备份时间太长。

3. 备份频率和时机

数据库备份频率一般取决于修改数据库的频繁程度以及一旦出现意外，丢失的工作量的大小，还有发生意外丢失数据的可能性大小。

在正常使用阶段，对系统数据库的修改不会十分频繁，所以对系统数据库的备份也不需要十分频繁，只要在执行某些语句或存储过程导致 MySQL 对系统数据库进行了修改的时候备份。

如果在用户数据库中执行了添加数据、创建索引等操作，则应该对用户数据库进行备份。如果清除了事务日志，也应该备份数据库。

备份数据库需要考虑的问题包括：

（1）可以容忍丢失多长时间的数据。

（2）恢复数据要在多长时间内完成。

（3）恢复的时候是否需要持续提供服务。

（4）恢复的对象，是整个库，多个表，还是单个库，单个表。

二、MySQL 备份数据库命令

在 MySQL 中备份数据使用的命令是 mysqldump。该命令可将数据库中的数据备份成一个文本文件。表的结构和表中的数据以 SQL 语句的形式存储在生成的文本文件中。mysqldump命令的工作过程是：先查出需要备份的表的结构，然后在文本文件中生成相应的 CREATE TABLE 语句。接着将表中的所有记录转换成对应的 INSERT 语句。通过这些语句，就能够创建表并插入数据。

mysqldump 的基本语法格式为：

```
mysqldump -u username [-h host] -p[password] dbname
[table1 [table2...]]>BkupFileName.sql;
```

各部分含义如下：

● username：指定用户名。

● host：指定要登录的主机名，登录本地机时可省略。

● password：指定登录密码。如果不指定，则在登录时会提示输入密码。

● dbname：指定要备份的数据库名。

● table1、table2：指定要备份的数据表名。如果不指定，则备份数据库时将包含所有数据表，多个表名之间要用空格分隔。

● BkupFileName.sql：指定将数据库备份到的文件名。该文件通常以.sql 作为后缀名，可以根据情况在文件名前指定文件路径。

注意：

以上面的格式进行数据库备份时，不会备份数据库结构（即备份文件中没有 CREATE DATABASE 语句），只备份数据表的结构及数据。

如果要备份数据库结构或者同时备份多个数据库，则可在命令中加入--databases 选项，具体格式如下。

1）同时备份多个数据库

```
mysqldump -u username [-h host] -p[password]
--databases dbname1[ dbname2...]>BkupFileName.sql;
```

注意：

可以只有一个数据库名，如果有多个数据库名，要用空格分隔。

2）同时备份所有数据库

```
mysqldump -u username [-h host] -p[password]
--all-databases >BkupFileName.sql;
```

除了以上基本格式外，mysqldump 还有一些其他选项。现对较为常用的选项介绍如下：

（1）--add-drop-database：在每个 CREATE DATABASE 语句前添加 DROP DATABASE 语句。

（2）--add-drop-tables：在每个 CREATE TABLE 语句前添加 DROP TABLE 语句。

（3）--add-locking： 用 LOCK TABLES 和 UNLOCK TABLES 语句引用每个表备份。重载备份文件时插入得更快。

（4）-A：备份所有数据库中的所有表，与使用--all-database 选项相同。

（5）--comments[=0 | 1]：附加注释信息，默认为打开，可以用--skip-comments 取消。如果设置为 0，则禁止备份文件中的其他信息，例如程序版本、服务器版本和主机。--skip-comments 与--comments=0 的结果相同，默认值为 1，即包括额外信息。

（6）--compact ： 产生少量输出。该选项禁用注释并启用--skip-add-drop-tables、--no-set-names、--skip-disable-keys 和--skip-add-locking 选项。

（7）--compatible=name：导出的数据将和其他数据库或旧版本的 MySQL 相兼容。值可以为 ansi、mysql323、mysql40、postgresql、oracle、mssql、db2、maxdb、no_key_options、no_tables_options、no_field_options 等，要使用几个值，用逗号将它们隔开。它并不保证能完全兼容，而是尽量兼容。

（8）--complete-insert,-c：使用完整的 INSERT 语句（包含列名称）。这么做能提高插入效率，但是可能会受到 max_allowed_packet 参数的影响而导致插入失败。

（9）--debug[=debug_options]：输出 debug 信息，用于调试。

（10）--delete，-D：导入文本文件前清空表。

（11）--default-character-set=charset：使用 charsetas 默认字符集。如果没有指定，mysqldump 使用 utf8。

（12）--delete-master-logs：在主复制服务器上，完成备份操作后删除二进制日志。该选项自动启用--master-data。

（13）--extended-insert，-e：使用具有多个 VALUES 列的 INSERT 语法。这样使导出的文

件更小，并加速导入时的速度，默认为打开状态，使用--skip-extended-insert 取消选项。

（14）--flush-logs：开始导出之前刷新日志。假如一次导出多个数据库（使用选项--databases 或者--all-databases），将会逐个刷新数据库日志。除使用--lock-all-tables 或者--master-data 外，在这种情况下，日志将会被刷新一次，相应的所有表同时被锁定。因此，如果打算同时导出和刷新日志则应该使用--lock-all-tables 或者--master-data 和--flush-logs。

（15）--force, -f：在导出过程中忽略出现的 SQL 错误。

（16）--lock-all-tables, -x：提交请求锁定所有数据库中的所有表，以保证数据的一致性。这是一个全局读锁，并且自动关闭--single-transaction 和--lock-tables 选项。

（17）--lock-tables, -l：开始导出前, 锁定所有表。用 READ LOCAL 锁定表以允许 MyISAM 表并行插入。对于支持事务的表例如 InnoDB 和 BDB，--single-transaction 是一个更好的选择，因为它根本不需要锁定表。当导出多个数据库时，--lock-tables 分别为每个数据库锁定表。因此，该选项不能保证导出文件中的表在数据库之间的逻辑一致性。不同数据库表的导出状态可以完全不同。

（18）--no-create-db, -n：只导出数据，而不添加 CREATE DATABASE 语句。

（19）--no-create-info, -t：只导出数据，而不添加 CREATE TABLE 语句。

（20）--no-data, -d：不导出任何数据，只导出数据库表结构。

（21）--opt：等同于--add-drop-table, --add-locks, --create-options, --quick, --extended-insert, --lock-tables, --set-charset, --disable-keys，该选项默认开启，可以用--skip-opt 禁用。

（22）--port-port_num，-P port_num：指定用于连接的 TCP/IP 端口号。

（23）--protocol={TCP | SOCKET | PIPE MEMORY}：指定使用的连接协议，包括 tcp, socket, pipe, memory。

（24）--result-file, -r：直接输出到指定文件中。该选项确保只有一行被使用。

（25）--socket=path, -S path：指定连接 MySQL 的 Socket 文件位置，默认路径为/tmp/mysql.sock。

（26）--verbose,-v：冗长模式。打印出程序操作的详细信息。

（27）--version，-V：输出 MySQLDump 版本信息并退出。

（28）--xml, -X：导出 XML 格式。

注意：

以上只是列举了 MySQLDump 较为常用的一些选项，并非全部选项。可运行帮助命令 mysqldump –help 来获得特定版本的完整选项列表。

另外，在 MySQL5.5 以前的版本中还提供了 mysqlhotcopy 命令来进行数据库的热备份。mysqlhotcopy 使用 lock tables、flush tables 和 cp 或 scp 来快速备份数据库。它是备份数据库或单个表最快的途径，属于物理备份，但只能用于备份 MyISAM 存储引擎并且必须运行在数据库目录所在的机器上。使用 mysqlhotcopy 命令前需要安装相应的软件依赖包。

三、数据库恢复

数据库备份后，一旦系统发生崩溃或者执行了错误的数据库操作，就可以从备份文件中还原数据库。恢复数据库时，根据备份的方式和内容不同，在 MySQL 中可以采用不同的方法来进行数据库恢复。

1. 使用 mysql 命令恢复数据库

在 MySQL 中，可以使用 mysql 命令来恢复使用 mysqldump 命令备份的数据。根据 mysqldump 命令生成的备份文件中包含着数据库和表相关信息的 CREATE 语句和 INSERT 语句。而 mysql 命令可以执行备份文件中的 CREATE 语句和 INSERT 语句，也就是说，mysql 命令可以通过 CREATE 语句来创建数据库和表，通过 INSERT 语句来插入备份的数据，实现恢复数据库的目的。

mysql 命令语法格式如下：

```
mysql -u username [-h host] -p[password] [dbname] < filename.sql
```

各部分含义如下：

（1）username：指定用户名。

（2）host：指定要登录的主机名，登录本地机时可省略。

（3）password：指定登录密码。如果不指定，则在登录时会提示输入密码。

（4）dbname：指定要恢复的数据库名。

（5）filename.sql：指定待恢复的备份文件的名称。

注意：

dbname 是可选参数。如果 filename.sql 文件中包含创建数据库语句（即 mysqldump 命令备份时包含了备份数据库），则执行时不需要指定数据库名，否则要指定。如果指定的数据库名不存在，必须先创建该数据库再执行恢复，否则也会报错。

2. 使用 source 命令恢复数据库

如果已经登录 MySQL，也可直接使用 source 命令来导入 SQL 文件的数据，实现数据库的恢复。

source 命令的基本格式如下：

```
source filename
```

其中的 filename 是要导入的 SQL 文件名。source 也可以直接换成 "\."。

注意：

这条命令的末尾不能有分号，否则分号会被当作文件名的一部分，导致出错。

如果导入的 SQL 文件中不包含数据库的创建语句，必须先创建数据库，或者进入数据库。

3. 使用 mysqlbinlog 命令进行时间点恢复

mysqlbinlog 是一个从二进制日志中读取语句的工具，是 MySQL 安装完成之后自带的工具，在 MySQL 安装目录下可以看到。

使用 mybinlog 恢复数据，本质上就是通过 mybinlog 找到所有 DML 操作，去掉错误的 SQL 语句，然后重新执行一遍，就可以将数据恢复。当使用 mysqldump 对数据库进行备份时，生成的备份文件中包含了数据库 DML 操作时的时间点以及备份时的二进制日志位置信息。如果进行单库数据恢复，可以从某个时间点开始，进行时间点恢复；如果数据库采用的是主从架构，可以根据备份时的--master-data=2 和--single-transaction，完成根据时间点或者位置点的恢复。

mysqlbinlog 命令的基本格式为：

```
mysqlbinlog [options] logfile1 [logfile2...]
```

其中 logfile 为日志文件名，options 为命令选项。常用选项及其含义如下：

（1）-d, --database=name：仅显示指定数据库的备份内容。

（2）-o, --offset=# ：跳过前 N 行的日志条目。

（3）-r, --result-file=name：将输入的文本格式的文件备份到指定的文件。

（4）-s, --short-form：使用简单格式。

（5）--set-charset=name：在备份文件的开头增加'SET NAMES character_set'语句。

（6）--start-datetime=name：备份日志的起始时间。

（7）--stop-datetime=name：备份日志的截止时间。

（8）-j, --start-position=#：备份日志的起始位置。

（9）--stop-position=#：备份日志的截止位置。

使用 mysqlbinlog 命令进行时间点恢复的基本步骤如下：

（1）停止 MySQL 对外的服务，利用备份数据恢复到上次数据。

（2）通过 mysqlbinlog 命令对二进制文件进行分析，找出故障或错误发生及结束的位置（position）。

（3）通过 mysqlbinlog 命令从 binlog 日志中导出到可执行的 SQL 文件，并通过 mysql 命令将数据导入到 MySQL。

（4）跳过故障或错误语句，再把后续正常语句重新执行一遍，完成数据恢复工作。

学一学：

binlog 就是 binary log，二进制日志文件，记录所有数据库更新语句，包括表更新和记录更新，binlog 主要用于数据恢复和配置主从复制等。

● 数据恢复：当数据库误删或者发生不可描述的事情时，可以通过 binlog 恢复到某个时间点的数据。

● 主从复制：当有数据库更新之后，主库通过 binlog 记录并通知从库进行更新，从而保证主从数据库数据一致。

---

4. 使用 Navicat for MySQL 备份与还原数据库

Navicat for MySQL 作为高级数据库管理工具，有着备份和还原的功能，可以用来备份数据库或者还原备份的数据库。

Navicat for MySQL 备份数据库的步骤如下：

（1）选中要备份的数据库。

（2）在 Navicat for MySQL 界面的菜单栏中单击"备份"按钮（见图 9-1）。

图 9-1　Navicat for MySQL 备份 1

（3）在导航栏中单击"新建备份"按钮，会弹出"新建备份"对话框（见图9-2）。

图 9-2　Navicat for MySQL 备份 2

（4）在"新建备份"对话框中选择"对象选择"选项卡，选择要备份的对象（见图9-3）。

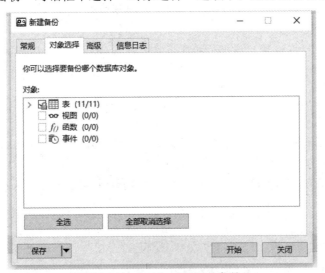

图 9-3　Navicat for MySQL 备份 3

（5）在"新建备份"对话框中选择"高级"选项卡，可进行"压缩""锁住全部表""使用单一事务（只限 InnoDB）"和"使用指定文件名"等设置（见图9-4）。

（6）单击"开始"按钮，执行"备份"命令。

（7）执行完成后单击"关闭"按钮，会弹出"确认"对话框（见图9-5）。

（8）单击"保存"按钮，会弹出"设置文件名"对话框（见图9-6），输入文件名后单击"确定"按钮即可，也可以在图9-5中直接单击"不保存"按钮完成备份。

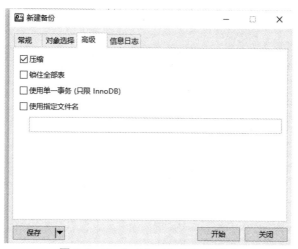

图 9-4　Navicat for MySQL 备份 4

图 9-5　Navicat for MySQL 备份 5

图 9-6　Navicat for MySQL 备份 6

备份完成后，在导航栏中就可以看到关于备份数据的信息。在备份文件上右击，在弹出的快捷菜单中选择"对象信息"选项，即可查看备份文件的存储位置、文件大小和创建时间等信息。

注意：

Navicat for MySQL 备份文件的后缀名为 .psc。如果没有指定备份文件名，Navicat for MySQL 会自动用备份产生的时间来命名备份文件。

Navicat for MySQL 备份产生的备份数据不能直接在 MySQL 中还原，只能在 Navicat for MySQL 中进行还原。

Navicat for MySQL 还原数据库的步骤如下：

（1）在"备份"对象下选择要还原的备份文件（见图 9-7）。

图 9-7　Navicat for MySQL 还原 1

（2）在导航栏中单击"还原备份"按钮，会弹出"还原备份"对话框（见图9-8）。

图 9-8　Navicat for MySQL 还原 2

（3）在"还原备份"对话框中选择"对象选择"选项卡，选择要还原的对象（见图9-9）。

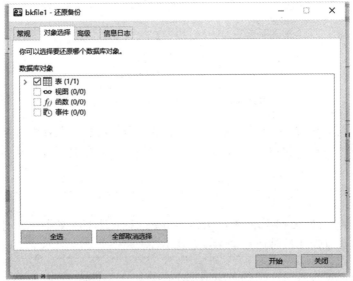

图 9-9　Navicat for MySQL 还原 3

（4）在"还原备份"对话框中选择"高级"选项卡，可进行"使用事务""遇到错误继续""锁定表以便写入"和"使用扩展插入语句"等设置（见图9-10）。

（5）单击"开始"按钮，会弹出一个警告窗口（见图9-11），单击"确定"按钮后就会自动开始还原数据库。

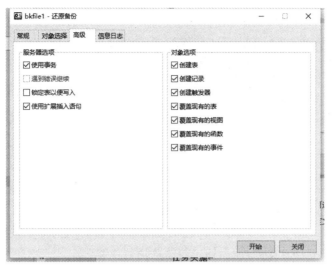

图 9-10　Navicat for MySQL 还原 4

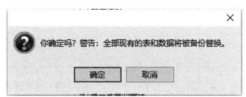

图 9-11　Navicat for MySQL 还原 5

（6）单击"关闭"按钮即可完成还原工作。

 任务实施

配套解答

任务要求 1：将系统中所有数据库备份到 D 盘根目录下的 bkfile1.sql 中。

实现过程 1：启动 cmd 命令窗口，切换到 MySQL 安装目录，输入如下命令并按回车键：

```
mysqldump -u root -p --all-databases >d: \bkfile1.sql
```

注意：

因为没指定密码，所以会提示输入密码。

任务要求 2：将 xsgl 数据库备份到 D 盘根目录下的 bkfile2.sql 中。

实现过程 2：启动 cmd 命令窗口，切换到 MySQL 安装目录，输入如下命令并按回车键：

```
mysqldump -u root -p xsgl >d: \bkfile2.sql
```

任务要求 3：将 xsgl 数据库和 exam 数据库备份到 D 盘根目录下的 bkfile3.sql 中。

实现过程 3：启动 cmd 命令窗口，切换到 MySQL 安装目录，输入如下命令并按回车键：

```
mysqldump -u root -p --databases xsgl exam >d: \bkfile3.sql
```

任务要求 4：将 xsgl 数据库中的表 student 和表 score 备份到 D 盘根目录下的 bkfile4.sql 中。

实现过程 4：启动 cmd 命令窗口，切换到 MySQL 安装目录，输入如下命令并按回车键：

```
mysqldump -u root -p xsgl student score >d: \bkfile4.sql
```

任务要求 5：通过 D 盘根目录下的 bkfile2.sql 文件恢复数据库 xsgl。

实现过程 5：启动 cmd 命令窗口，切换到 MySQL 安装目录，输入如下命令并按回车键：

```
mysql -u root -proot < d: \bkfile2.sql
```

注意：

-proot 中的 root 是用户密码，和-p 之间不能有空格。

任务要求 6：使用 source 命令通过 D 盘根目录下的 bkfile4.sql 文件，将 xsgl 数据库中的表 student 和表 score 还原。

实现过程 6：登录 MySQL，输入如下命令并按回车键：

```
source d: \bkfile4.sql
```

注意：

命令的最后不能有分号。

任务要求 7：删除 test 数据库中 stu_info 表的几条记录，然后再插入几条新数据。现在想在保留插入新数据的基础上，恢复被删除的那几条记录。

实现过程 7：

（1）在进行删除操作之前，先使用 mysqldump 进行完全备份，备份时滚动日志，同时记住二进制日志文件名称和日志的位置点。在命令窗口中输入如下命令：

```
mysqldump -u root -proot --databases test --single-transaction --triggers
--routines --flush-logs --events > /backup/test.sql
```

（2）登录 MySQL，并查看二进制日志文件名称和日志点位置。在 MySQL 中输入如下命令：

```
SHOW BINARY LOGS;
```

显示结果如下：

```
+-------------------+-----------+-----------+
| Log_name          | File_size | Encrypted |
+-------------------+-----------+-----------+
| PC-PC-bin.000001  |       179 | No        |
| PC-PC-bin.000002  |      6190 | No        |
+-------------------+-----------+-----------+
2 rows in set (0.00 sec)
```

（3）执行删除记录操作和插入记录操作。

（4）准备恢复数据。首先为了防止数据继续写入，先锁表，暂停写入业务，通知用户系统维护。在 MySQL 中输入如下命令：

```
USE test;
LOCK TABLE stu_info READ;
```

（5）导入最近一次完全备份的数据。在命令窗口中输入如下命令：

```
mysql -u root -proot    < /backup/test.sql
```

（6）将 6190 这个点之后的二进制日志文件转换为一个 SQL 文件。在命令窗口中输入如下命令：

```
mysqlbinlog PC-PC-bin.000002 > /backup/tmp.sql
```

（7）使用文本编辑器（例如记事本）编辑这个 SQL 文件，找到其中的删除语句，然后将其删掉，然后修改之后的 SQL 文件导入到数据库中。在命令窗口中输入如下命令：

```
mysql -u root -proot < /backup/tmp.sql
```

（8）先登录数据库查询数据是否恢复，然后对表执行解锁。在 MySQL 中输入如下命令：

```
UNLOCK TABLES;
```

任务要求 8：通过 Navicat for MySQL 将 test 数据库中的表 stu_info 和表 user 备份到 test_s_u 中。

实现过程 8：

（1）进入 Navicat for MySQL，选中数据库 test。

（2）在 Navicat for MySQL 界面的菜单栏中单击"备份"按钮；然后在导航栏中单击"新建备份"按钮。

（3）在弹出的"新建备份"对话框中选择"对象选择"选项卡，展开表对象列表，勾选 stu_info 和 user（见图 9-12）。

（4）在"新建备份"对话框中选择"高级"选项卡，勾选"使用指定文件名"，并在文本框中输入 test_s_u（见图 9-13）。

（5）单击"开始"按钮，开始备份；执行完成后单击"关闭"按钮，在弹出的"确认"对话框中单击"不保存"按钮，完成数据备份。

任务要求 9：通过 Navicat for MySQL 备份文件 test_s_u.psc，将 test 数据库中的表 stu_info 还原。

实现过程 9：

（1）在 Navicat for MySQL"备份"对象下选中要还原的备份文件 test_s_u.psc。

（2）在导航栏中单击"还原备份"按钮，在弹出的"还原备份"对话框中选择"对象选择"选项卡，展开表对象列表，勾选"'stu_info'"（见图 9-14）。

图 9-12　Navicat for MySQL 新建备份-对象选择

图 9-13　Navicat for MySQL 新建备份-高级

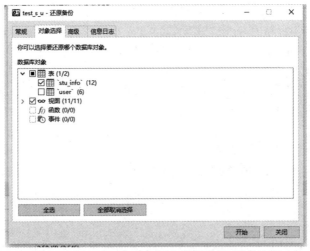

图 9-14　Navicat for MySQL 还原备份-对象选择

（3）在"还原备份"对话框中选择"高级"选项卡，可进行"使用事务""遇到错误继续""锁定表以便写入"和"使用扩展插入语句"等设置。

（4）单击"开始"按钮，在弹出的警告窗口中单击"确定"按钮后就会自动开始还原数据库。

（5）执行完成后，单击"关闭"按钮。

任务二　数据库其他操作

 任务提出

在实际工作中，由于数据库的使用者会发生变化以及团队合作的需要，数据库可能在不同的用户之间交换传递。如果用户发生变化，或者系统不同，又或者是使用不同的计算机，都需要对数据库进行一些其他操作。

任务分析

在 MySQL 中，要在不同的用户或计算机之间传递交换数据库，必须要对数据库进行迁移操作，有时还需要复制数据库。而不同的系统或软件之间要进行数据交流和传递，则需要对数据进行导入和导出操作。本任务的具体要求如下：

- 掌握数据库迁移的方法。
- 掌握数据导入、导出的方法。
- 掌握 Navicat for MySQL 导入、导出数据的方法。

相关知识

一、数据库迁移

数据库迁移就是把数据库及数据从一个系统移动到另一个系统上。在实际应用中，经常需要进行一个数据库的整体迁移。例如，更换新的数据库服务器或者 MySQL 版本更新升级。有时也会因为变更数据库管理系统（例如，原来用的 Microsoft SQL Server 现在换成 MySQL），而需要将数据库迁移。不同情况下的数据库迁移，其方法会有所不同。

1. 相同版本的 MySQL 数据库之间的迁移

如果仅仅是因为数据库服务器更换了新设备，不更换数据库管理系统，迁移前和迁移后的 MySQL 主版本号相同。此时进行的数据库迁移，相对比较容易。迁移过程其实就是在原系统内将源数据库备份，然后在新系统里将数据库恢复的过程。

对于使用 MyISAM 引擎的表和数据库而言，最简单的方式就是直接在原系统内复制数据库文件目录，然后复制到目标系统的相应位置。但是此种方法对于使用 InnoDB 引擎的表和数据库来说，是行不通的。所以在实际工作中，通常都使用 mysqldump 命令在原系统内导出数据库，然后在目标数据库服务器中使用 mysql 命令导入数据库。

2. 不同版本的 MySQL 数据库之间的迁移

如果是因为数据库管理系统升级，需要将较老版本的 MySQL 数据库中的数据迁移到较新版本的数据库中时，因为新版本通常会对老版本有一定的兼容性，所以有时并不一定非要复制数据。可以先停止 MySQL 服务，卸载老版本，然后安装新版本的 MySQL。如果想保留旧版本中的用户访问控制信息，则需要备份 MySQL 中的 MySQL 数据库，在新版本 MySQL 安装完成之后，重新读入备份文件中的 MySQL 数据库信息。

如果数据库的数据中带有中文字符，数据库迁移过程中就需要对默认字符集进行修改。因为老版本与新版本的 MySQL 可能会使用不同的默认字符集。例如 MySQL 4.x 中大多使用 latin1 作为默认字符集，而 MySQL 5.x 的默认字符集则是 utf8。如果不进行字符集的修改，可能会出现乱码。

有时也可能会需要从老版本的 MySQL 向新版本的 MySQL 进行数据库迁移。在这种情况下，对于使用 MyISAM 引擎的数据库和表，仍然可以直接复制数据库文件，或者使用 mysqlhotcopy 工具、mysqldump 工具。对于使用 InnoDB 引擎的数据库和表，则只能使用 mysqldump 工具将数据导出。然后使用 mysql 命令导入目标服务器。保险起见，在从老版本向新版本 MySQL 迁移数据库时，最好使用 mysqldump 命令从原系统导出数据库，然后再将其导入目标数据库中。

3. 不同类型数据库之间的迁移

如果因为工作环境变化，需要将 MySQL 的数据库转移到其他类型的数据库管理系统中，例如，从 MySQL 迁移到 Oracle，或者从 Oracle 迁移到 MySQL，又或者从 MySQL 迁移到 SQL Server 下，这时，需要先了解不同数据库的架构，比较它们之间的差异。不同类型的数据库管理系统中数据类型的描述和定义可能是不一样的。例如，MySQL 中整型数据有 tinyint、smallint、mediumint、int、bigint 五种，而 Microsoft SQL Server 中则只有 tinyint、smallint、int、bigint 四种。另外，不同的数据库管理系统中的 SQL 语句有一定的差别。例如，MySQL 中自动编号字段使用 auto_increment，而 Microsoft SQL Server 使用的则是 identity，因此在进行数据库迁移时必须对这些语句进行语句映射处理。

不同类型数据库之间的迁移可以借助一些工具进行。在 Windows 系统下，可以使用 MyODBC 进行 MySQL 和 SQL Server 之间的迁移。另外 MySQL 官方提供的工具 MySQL Migration Toolkit 也可以在不同类型数据库间进行迁移。

4. 使用 Navicat for MySQL 迁移数据库

使用 Navicat for MySQL 中的"数据传输"工具，可以很方便地在两台设备或两个连接之间进行数据库迁移，操作步骤如下：

（1）在 Navicat for MySQL 窗口的工具栏中单击"工具"按钮，在下拉菜单中选择"数据传输"选项（见图 9-15）。

图 9-15　"数据传输"菜单

（2）在弹出的"数据传输"对话框中，选择"常规"选项卡，分别在左边的"源"中指定要迁移的连接名、数据库名和数据库对象，在右边的"目标"中指定要迁移到的连接名和数据库名（见图 9-16）。

图 9-16　"数据传输"对话框

注意：

也可以在"目标"中选择"文件"选项，将迁移对象转储到文件中。

（3）单击"开始"按钮，会弹出确认对话框（见图 9-17）。

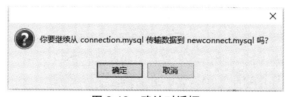

图 9-18　确认对话框

（4）单击"确定"按钮即可进行数据库迁移。

二、数据导出

在 MySQL 中提供了数据导入和导出功能，可使用数据转换服务（DTS）在不同类型的数据源之间导入和导出数据。通过数据导入和导出操作可以完成在 MySQL 数据库和其他类型数据库（如 Excel 表格、Access 数据库和 Oracle 数据库）之间进行数据的转换，从而实现各种不同应用系统之间的数据移植和共享。

1. 使用 SELECT…INTO OUTFILE 导出文本文件

MySQL 数据库导出数据时，允许使用包含导出定义的 SELECT 语句进行数据的导出操作，即利用导出子句，将查询的结果导出到文本文件中。

SELECT…INTO OUTFILE 语句的基本格式如下：

```
SELECT columnlist FROM table WHERE condition INTO OUTFILE filename[OPTIONS ];
```

columnlist 为字段列表，table 为数据表名，condition 为条件子句，filename 为文本文件名，OPTIONS 为选项。

OPTIONS 部分的语法包括 FIELDS 子句和 LINES 子句，介绍如下。

（1）FIELDS TERMINATED BY 'value'：设置字段之间的分隔字符，可以为单个或多个字符，默认情况下为制表符 '\t'。

（2）FIELDS [OPTIONALLY] ENCLOSED BY 'value'：设置字段的包围字符，只能为单个字符，如果使用了 OPTIONALLY 则只有 CHAR 和 VARCHAR 等字符数据字段被包括。

（3）FIELDS ESCAPED BY 'value'：设置如何写入或读取特殊字符，只能为单个字符，即设置转义字符，默认值为 '\'。

（4）LINES STARTING BY 'value'：设置每行数据开头的字符，可以为单个或多个字符，默认情况下不使用任何字符。

（5）LINES TERMINATED BY 'value'：设置每行数据结尾的字符，可以为单个或多个字符，默认值为 '\n'。

注意：

FIELDS 和 LINES 两个子句都是可选项，但是如果两个都被指定了，FIELDS 必须位于 LINES 的前面。

LOAD DATA INFILE 是 SELECT…INTO OUTFILE 的逆操作。为了将数据库的数据写入一个文件，可以使用 SELECT…INTO OUTFILE；为了将文件读回数据库，可以使用 LOAD DATA INFILE。

SELECT…INTO OUTFILE 'file_name'形式的 SELECT 语句可以把被选择的行写入一个文件中。该文件被创建到服务器主机上，因此必须拥有 FILE 权限，才能使用此语法。

输出不能是一个已存在的文件，防止文件数据被篡改。

需要有一个登录服务器的账号来检索文件，否则 SELECT…INTO OUTFILE 不会起任何作用。

在 UNIX 中，该文件被创建后是可读的，权限由 MySQL 服务器所拥有。这意味着可以读取该文件，但无法将其删除。

---

2. 使用 mysql 命令导出文本文件

mysql 命令除了可以用来登录 MySQL，还有很多其他功能，其中就包括将查询结果导出为文本文件。

mysql 命令导出文本文件的基本格式为：

```
mysql -u user -p Password -e "SELECT 语句" dbname >filename
```

"user" 表示用户，"Password" 表示用户的密码，"-e" 选项表示执行 SQL 语句，"SELECT 语句" 指定查询命令，必须用引号括起来，filename 表示导出文件名，包括路径。

三、数据导入

1. 使用 LOAD DATA INFILE 语句导入

MySQL 提供了 LOAD DATA INFILE 语句来导入数据。其基本格式如下：

```
LOAD DATA INFILE 'filename' INTO TABLE tablename [OPTIONS] [IGNORE number LINES ];
```

"filename"为导入数据的文件名；"tablename"表示待导入的数据表名；"[OPTIONS]"为可选参数选项，其内容和前面的 SELECT…INTO OUTFILE 命令中的一样；"IGNORE number LINES"选项表示忽略文件开始处的若干行，"number"为要忽略的行数。

2. 使用 mysqlimport 命令导入数据

mysqlimport 客户端提供了 LOAD DATA INFILE 语句的一个命令行接口，使用 mysqlimport 命令可以导入文本文件，并且不需要登录 MySQL 客户端。mysqlimport 命令提供许多与 LOAD DATA INFILE 语句相同的功能，大多数选项直接对应 LOAD DATA INFILE 子句。使用 mysqlimport 命令需要指定所需的选项、导入的数据库名称以及导入的数据文件的路径和名称。

mysqlimport 命令的基本语法格式如下：

```
mysqlimport -u root -p dbname filename [OPTIONS]
```

"filename"为导入数据的文件名；"dbname"为导入的表所在的数据库名称；"[OPTIONS]"为可选参数选项，其内容和前面的 SELECT…INTO OUTFILE 命令中类似。

OPTIONS 选项内容及含义如下：

（1）--fields terminated-by= 'value'：设置字段之间的分隔字符，可以为单个或多个字符，默认情况下为制表符"t"。

（2）--filds-enclosed-by= 'value'：设置字段的包围字符。

（3）--fields-optionally-enclosed-by- 'value'：设置字段的包围字符，只能为单个字符，包括 CHAR 和 VARCHAR 等字符数据字段。

（4）--fields-escaped-by- 'value'：控制如何写入或读取特殊字符，只能为单个字符，即设置转义字符，默认值为反斜线"\"。

（5）--lines terminated-by- 'value'：设置每行数据结尾的字符，可以为单个或多个字符，默认值为"\n"。

（6）--ignore-lines-n：忽视数据文件的前 n 行。

注意：

mysqlimport 命令不指定导入数据库的表名称，数据表的名称由导入文件名称确定，即文件名作为表名，导入数据之前该表必须存在。

---

3. 使用其他命令导入数据

除了上面的方法之外，MySQL 还可以通过 mysql 命令和 source 命令来导入数据。它们的命令格式和语法在前面已有介绍，这里不再重复。

四、Navicat for MySQL 导入/导出数据

1. 使用导入/导出向导

Navicat for MySQL 可以对数据库提供图形化的导入、导出向导，使得数据导入、导出操作方便易行。

1）Navicat for MySQL 数据导出

（1）在 Navicat for MySQL 中展开数据库对象，选择要导入或导出的数据表。

（2）在选中的数据表上右击，在弹出的快捷菜单中选择"导出向导"选项（见图 9-18）。

图 9-18　"导出向导"菜单

（3）在弹出的"导出向导"对话框中选择导出格式（见图 9-19）。

图 9-19　导出格式

（4）单击"下一步"按钮，在接下来的界面中定义一些附加选项（见图 9-20）。

图 9-20　设定导出附加选项

（5）单击"下一步"按钮，在接下来的界面中定义要导出的列（见图 9-21）。

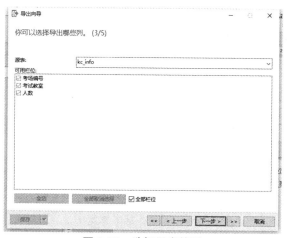

图 9-21　选择导出的列

（6）单击"下一步"按钮，在接下来的界面中指定分隔符（见图 9-22）。

图 9-22　指定分隔符

单击"下一步"按钮，接着单击"开始"按钮，即可进行导出。

2）Navicat for MySQL 数据导入

（1）在 Navicat for MySQL 中打开要导入数据的数据库对象，然后在导航栏中单击"导入向导"按钮（见图 9-23）。

图 9-23　导入向导菜单

（2）在弹出的"导入向导"对话框中选择导入格式（见图 9-24）。

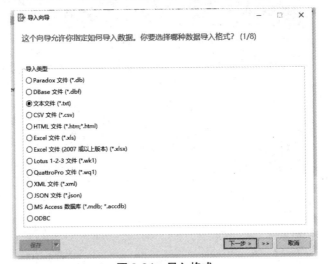

图 9-24　导入格式

（3）单击"下一步"按钮，在接下来的界面中选择导入的数据源及编码格式（见图 9-25）。

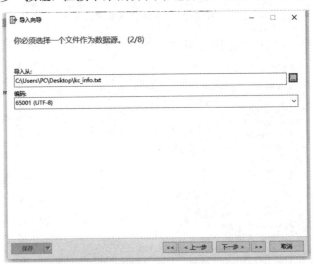

图 9-25　选择导入的数据源及编码格式

（4）单击"下一步"按钮，在接下来的界面中选择导入的分隔符（见图 9-26）。

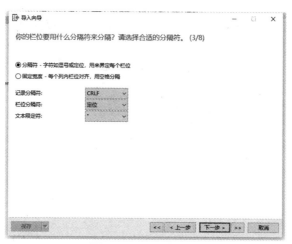

图 9-26 导入分隔符

（5）单击"下一步"按钮，在接下来的界面中定义一些附加选项（见图 9-27）。

图 9-27 定义附加选项

（6）单击"下一步"按钮，在接下来的界面中选择导入数据的目标表（见图 9-28）。

图 9-28 选择导入数据的目标表

（7）单击"下一步"按钮，在接下来的界面中可以对表结构进行调整（见图9-29）。

图 9-29　调整导入的表结构

（8）单击"下一步"按钮，在接下来的界面中选择导入模式（见图9-30）。

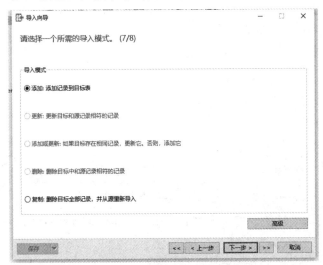

图 9-30　选择导入模式

（9）单击"下一步"按钮，在接下来的界面中单击"开始"按钮就可进行数据的导入。

2. 使用 Navicat for MySQL 转储 SQL 文件

Navicat for MySQL 还提供了将数据库和表转储为 SQL 文件的功能。利用该功能，能够将数据库和表结构以及数据转换成对应的 SQL 语句。其功能和 mysqldump 命令相似，但操作更简便。

Navicat for MySQL 将数据库转储为 SQL 文件的操作步骤如下：

（1）在 Navicat for MySQL 中打开要转储的数据库对象，单击鼠标右键，在弹出的快捷菜单中选择"转储 SQL 文件"选项（见图9-31）。

图 9-31　"转储 SQL 文件"菜单

（2）根据需要选择子菜单中的"结构和数据"或"仅结构"选项后，会弹出"另存为"对话框（见图 9-32）。

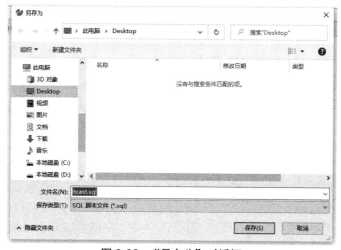

图 9-32　"另存为"对话框

（3）指定保存路径和文件名后，单击"保存"按钮就会开始转储（见图 9-33）。

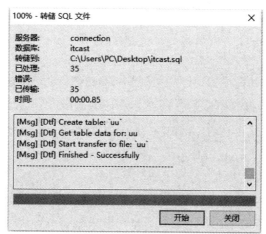

图 9-33　转储 SQL 文件

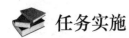

任务实施

任务要求 1：将 192.168.0.1 主机上的 MySQL 数据库全部迁移到 192.168.0.2 主机上。

配套解答

实现过程 1：在 192.168.0.1 主机上启动 cmd 命令窗口，切换到 MySQL 安装目录，输入如下命令并按回车键：

```
mysqldump -h 192.168.0.1 -u root -proot --all-databases |mysql -h 192.168.0.2 -uroot
-proot
```

注意：

这里通过管道符"｜"将 mysqldump 导出的 192.168.0.1 主机上的数据直接传递给 mysql 命令导入到主机 192.168.0.2 数据库中。

任务要求 2：使用 SELECT…INTO OUTFILE 命令将 test 数据库中的 stu_info 表中的记录导出到文本文件 test_stu_info.txt 中。

实现过程 2：登录 MySQL，输入如下命令并执行：

```
SELECT * FROM test.stu_info INTO OUTFILE "test_stu_info.txt";
```

任务要求 3：使用 SELECT…INTO OUTFILE 将 test 数据库中的 score 表中的记录导出到文本文件 test_score.txt 中，要求数据之间使用逗号","分隔，所有数据用双引号括起来，使用单引号"\"表示转义字符。

实现过程 3：登录 MySQL，输入如下命令并执行：

```
SELECT * FROM test.score INTO OUTFILE "test_score.txt"
FIELDS TERMINATED BY ',' ENCLOSED BY '\"'ESCAPED BY '\'
LINES TERMINATED BY '\r\n';
```

任务要求 4：使用 SELEC…INTO OUTFILE 将 test 数据库的 course 表中的记录导出到文本文件 test_course.txt 中，要求每行记录以"<p>"开始，以"</p>"字符串结尾。

实现过程 4：登录 MySQL，输入如下命令并执行：

```
SELECT * FROM test.course INTO OUTFILE "test.course.txt"
LINES STARTING BY '<p>' TERMINATED BY '</p>\r\n';
```

任务要求 5：使用 mysql 命令将 test 数据库中的 score 表中的记录导出到文本文件 t_score.txt 中。

实现过程 5：启动 cmd 命令窗口，切换到 MySQL 安装目录，输入如下命令并按回车键：

```
mysql -u root -proot -e "SELECT * FROM score" test > t_score.txt
```

任务要求 6：使用 LOAD DATA INFILE 命令将 test_stu_info.txt 中的数据导入 test 数据库的 stu_info 表中。

实现过程 6：登录 MySQL，输入如下命令并执行：

```
LOAD DATA INFILE "test_stu_info.txt" INTO TABLE test.stu_info;
```

任务要求 7：使用 LOAD DATA INFILE 命令将 test_score.txt 中的数据导入到 test 数据库的 score 表中，要求数据之间使用逗号","分隔，所有数据用双引号括起来，使用单引号"\"

表示转义字符。

实现过程 7：登录 MySQL，输入如下命令并执行：

```
LOAD DATA INFILE "test_score.txt" INTO TABLE test.score
FIELDS TERMINATED BY ',' ENCLOSED BY '\"'ESCAPED BY '\''
LINES TERMINATED BY '\r\n';
```

任务要求 8：使用 mysqlimport 命令将 test_score.txt 中的数据导入到 test 数据库的 score 表中，要求数据之间使用逗号"，"分隔，所有数据用双引号括起来，使用问号"？"表示转义字符。

实现过程 8：启动 cmd 命令窗口，切换到 MySQL 安装目录，输入如下命令并按回车键：

```
mysqlimport -u root -proot test t_score.txt --fields-terminated -by=,
--fields-optionally-enclosed-by=\" --fields-escaped-by=?
--lines-terminated-by=\r\n
```

习　　题

一、填空题

1._____和_____是保护数据库中数据的重要手段。

2. 数据库备份的内容包括数据库、_____和_____。

3. 数据备份期间，按照是否需要停止 MySQL 服务实例，可以将 MySQL 的数据备份分为：_____、_____、_____。

二、简答题

1. 举例说明 MySQL 中数据备份和数据恢复的主要功能及其主要操作步骤。

2. 举例说明 MySQL 中数据导入和数据导出的主要功能及其主要操作步骤。

项目十　数据库安全管理

【学习目标】

- 掌握数据库安全性的基本概念。
- 熟悉 MySQL 的权限表。
- 掌握用户账户管理的方法。
- 掌握用户密码的管理方法。
- 掌握数据库权限的管理方法。
- 了解数据库访问控制的过程。
- 掌握数据库表维护的方法。

【项目描述】

　　对于数据库管理者来说，保护数据不受内部和外部侵害是一项重要的工作，作为 MySQL 的数据库系统管理员和开发者，需要深入理解 MySQL 的安全控制策略，以实现信息系统安全的目标。

　　本项目对 MySQL 安全管理机制进行了全面介绍。通过本项目，可以了解到可用的不同类型的账户和主体，如何控制对数据库对象的访问，以及如何加密和保护数据。内容主要为 MySQL 数据库安全性相关知识，包括用户管理、密码管理、权限管理和表维护等操作。

任务一　数据库的账户权限管理

 任务提出

　　在数据库系统的设计和管理中，安全性通常是难度最大的一个方面。数据库管理员总是既希望不用投入大量资金或是牺牲用户功能，同时服务器又尽可能安全。另一方面，也有相当一部分管理员和应用程序开发人员对安全性的重视不够，认为它们不会受到任何侵害。事实上，只要用户能够访问数据，就会有安全漏洞。

 任务分析

　　安全性并不是保证系统完全不受攻击，而是减少风险，对风险采取应对措施，以及保证用户采取必要的步骤来减小受攻击的可能性及攻击范围。给予用户通过网络访问数据库的权限就会引入风险因素。想要保护数据，防止因不合法的使用而造成的数据泄密和破坏，就要采取一定的安全措施。在数据库系统中，可以通过检查口令等手段来检查用户身份，合法的用户才能进入数据库系统；而当用户对数据库操作时，系统还会自动检查用户是否有权限执行这些操作。

本任务的具体要求如下：
- 熟悉 MySQL 的权限表。
- 掌握用户账户管理方法。
- 掌握数据库用户管理的方法。
- 掌握用户密码的管理方法。
- 掌握数据库权限的管理方法。
- 了解数据库访问控制的过程。

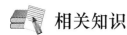 **相关知识**

一、MySQL 权限表

随着数据库技术的不断普及和发展，数据库管理系统已成为各行各业信息管理的主要形式。数据的安全性对每个组织来说都是至关重要的，每个组织的数据库中都存放了大量的生产经营信息以及各种机密信息，如果有人未经授权非法侵入了数据库，并查看和修改了数据，那么将会对组织造成极大的危害。因此，对数据库对象实施各种权限范围内的操作，拒绝非授权用户的非法操作以防止数据库信息资源遭到破坏是十分必要的。

MySQL 服务器通过 MySQL 权限表来控制用户对数据库的访问。MySQL 权限表存放在 MySQL 数据库里，这个数据库在安装 MySQL 后会自动生成。MySQL 数据库下面存储的都是权限表，这些权限表中最重要的是 user 表、db 表，除此之外，还有 tables_priv 表、columns_priv 表和 procs_priv 表等。

1. user 表

user 表是 MySQL 中最重要的一个权限表，用来记录允许连接到服务器的账号信息。user 表里启用的所有权限都是全局级的，适用于所有数据库。

MySQL 8.0 中 user 表中有 51 个字段，这些字段大致可以分为 4 类，分别是用户列、权限列、安全列和资源控制列，下面介绍其中一些主要字段的含义。

1）用户列

user 表的用户列包括 Host、User、authentication_string，分别表示主机名、用户名和密码。其中 User 和 Host 为复合主键。当用户与服务器之间建立连接时，输入的账户信息中的用户名称、主机名和密码必须匹配 User 表中对应的字段，只有 3 个值都匹配的时候，才允许建立连接。这 3 个字段的值就是创建账户时保存的账户信息。修改用户密码时，实际上就是修改 user 表的 authentication_string 字段的值。MySQL 8.0 版本 user 表的用户列如表 10-1 所示。

表 10-1　user 表的用户列

字段名	字段类型	是否为空	默认值
Host	char(255)	NO	无
User	char(32)	NO	无
authentication_string	text	YES	无

2）权限列

权限列的字段决定了用户的权限，描述了在全局范围内允许对数据和数据库进行的操作，包括查询权限、修改权限等普通权限，还包括了关闭服务器、超级权限和加载用户等高级权限。普通权限用于操作数据库，高级权限用于数据库管理。

user 表中对应的权限是针对所有用户数据库的。这些字段值的类型为 ENUM，可以取的值只能为 Y 和 N，Y 表示该用户有对应的权限，N 表示用户没有对应的权限。从安全角度考虑，这些字段的默认值都为 N。可以使用 GRANT 语句或 UPDATE 语句更改 user 表的这些字段来修改用户对应的权限。MySQL 8.0 版本 user 表的权限列如表 10-2 所示。

表 10-2　user 表的权限列

字段名	字段类型	是否为空	默认值
Select_priv	enum('N','Y')	NO	N
Insert_priv	enum('N','Y')	NO	N
Update_priv	enum('N','Y')	NO	N
Delete_priv	enum('N','Y')	NO	N
Create_priv	enum('N','Y')	NO	N
Drop_priv	enum('N','Y')	NO	N
Reload_priv	enum('N','Y')	NO	N
Shutdown_priv	enum('N','Y')	NO	N
Process_priv	enum('N','Y')	NO	N
File_priv	enum('N','Y')	NO	N
Grant_priv	enum('N','Y')	NO	N
References_priv	enum('N','Y')	NO	N
Index_priv	enum('N','Y')	NO	N
Alter_priv	enum('N','Y')	NO	N
Show_db_priv	enum('N','Y')	NO	N
Super_priv	enum('N','Y')	NO	N
Create_tmp_table_priv	enum('N','Y')	NO	N
Lock_tables_priv	enum('N','Y')	NO	N
Execute_priv	enum('N','Y')	NO	N
Repl_slave_priv	enum('N','Y')	NO	N
Repl_client_priv	enum('N','Y')	NO	N
Create_view_priv	enum('N','Y')	NO	N
Show_view_priv	enum('N','Y')	NO	N

字段名	字段类型	是否为空	默认值
Create_routine_priv	enum('N','Y')	NO	N
Alter_routine_priv	enum('N','Y')	NO	N
Create_user_priv	enum('N','Y')	NO	N
Event_priv	enum('N','Y')	NO	N
Trigger_priv	enum('N','Y')	NO	N
Create_tablespace_priv	enum('N','Y')	NO	N

表中各项含义如下：

Select_priv：是否可以通过 SELECT 命令查询数据。

Insert_priv：是否可以通过 INSERT 命令插入数据。

Update_priv：是否可以通过 UPDATE 命令修改现有数据。

Delete_priv：是否可以通过 DELETE 命令删除现有数据。

Create_priv：是否可以创建新的数据库和表。

Drop_priv：是否可以删除现有数据库和表。

Reload_priv：是否可以执行刷新和重新加载 MySQL 所用的各种内部缓存的特定命令，包括日志、权限、主机、查询和表。

Shutdown_priv：是否可以关闭 MySQL 服务器。将此权限提供给 root 账户之外的任何用户时，都应当非常谨慎。

Process_priv：是否可以通过 SHOWPROCESSLIST 命令查看其他用户的进程。

File_priv：是否可以执行 SELECTINTOOUTFILE 和 LOADDATAINFILE 命令。

Grant_priv：是否可以将自己的权限再授予其他用户。

References_priv：是否可以创建外键约束。

Index_priv：是否可以对索引进行增删查。

Alter_priv：是否可以重命名和修改表结构。

Show_db_priv：是否可以查看服务器上所有数据库的名字，包括用户拥有足够访问权限的数据库。

Super_priv（超级权限）：是否可以执行某些强大的管理功能，例如，通过 KILL 命令删除用户进程；使用 SETGLOBAL 命令修改全局 MySQL 变量，执行关于复制和日志的各种命令。

Create_tmp_table_priv：是否可以创建临时表。

Lock_tables_priv：是否可以使用 LOCKTABLES 命令阻止对表的访问/修改。

Execute_priv：是否可以执行存储过程。

Repl_slave_priv：是否可以读取用于维护复制数据库环境的二进制日志文件。

Repl_client_priv：是否可以确定复制从服务器和主服务器的位置。

Create_view_priv：是否可以创建视图。

Show_view_priv：是否可以查看视图。

Create_routine_priv：是否可以更改或放弃存储过程和函数。

Alter_routine_priv：是否可以修改或删除存储函数及函数。

Create_user_priv：是否可以执行 CREATEUSER 命令。

Event_priv：是否可以创建、修改和删除事件。

Trigger_priv：是否可以创建和删除触发器。

Create_tablespace_priv：是否可以创建表空间。

3）安全列

安全列主要用来判断用户是否能够登录成功，MySQL 8.0 版本 user 表的安全列如表 10-3 所示。

表 10-3　user 表的安全列

字段名	字段类型	是否为空	默认值
ssl_type	enum('','ANY','X509','SPECIFIED')	NO	
ssl_cipher	blob	NO	
x509_issuer	blob	NO	
x509_subject	blob	NO	
plugin	char(64)	NO	caching_sha2_password
password_expired	enum('N','Y')	NO	N
password_last_changed	timestamp	YES	
password_lifetime	smallint unsigned	YES	
account_locked	enum('N','Y')	NO	N

表中各项含义如下：

ssl_type：ssl 类型。

ssl_cipher：ssl 密文。

x509_issuer：x509 发行人。

x509_subject：x509 主题。

plugin：引入 plugins 以进行用户连接时的密码验证，plugin 用于创建外部/代理用户。

password_expired：密码是否过期。

password_last_changed：记录密码最近修改的时间。

password_lifetime：设置密码的有效时间，单位为天数。

account_locked：用户是否被锁定。

注意：

password_expired 为"Y"表示密码过期时，用户也可以使用密码登录 MySQL，但是不能做任何操作。

通常标准的发行版不支持 ssl，可以使用 SHOW VARIABLES LIKE "have_openssl" 语句来查看是否具有 ssl 功能。

4）资源控制列

资源控制列的字段用来限制用户使用的资源，MySQL 8.0 版本 user 表的资源控制列如表 10-4 所示。

表 10-4　user 表的资源控制列

字段名	字段类型	是否为空	默认值
max_questions	int unsigned	NO	0

续表

字段名	字段类型	是否为空	默认值
max_updates	int unsigned	NO	0
max_connections	int unsigned	NO	0
max_user_connections	int unsigned	NO	0

表中各项含义如下：

max_questions：规定每小时允许执行查询的操作次数。

max_updates：规定每小时允许执行更新的操作次数。

max_connections：规定每小时允许执行的连接操作次数。

max_user_connections：规定允许同时建立的连接次数。

以上字段的默认值为 0，表示没有限制。一个小时内用户查询或者连接数量超过资源控制限制，用户将被锁定，直到下一个小时才可以在此执行对应的操作。可以使用 GRANT 语句更新这些字段的值。

2. db 表

db 表也是 MySQL 数据库中非常重要的权限表，表中存储了用户对某个数据库的操作权限。MySQL 8.0 的 db 表中有 22 个字段，大致可以分为两类，分别是用户列和权限列。

1）用户列

db 表用户列有 3 个字段，分别是 Host、Db、User，构成 db 表的复合主键。它们的值指定了从某个主机连接某个用户对某个数据库的操作权限。MySQL8.0 中 db 表的用户列如表10-5 所示。

表 10-5　db 表的用户列

字段名	字段类型	是否为空	默认值	说明
Host	char(255)	NO	无	主机名
Db	char(64)	NO	无	数据库名
User	char(32)	NO	无	用户名

2）权限列

db 表中的权限列和 user 表中的权限列基本相同，这里不再重复介绍。要注意的是 user 表中的权限是针对所有数据库的，而 db 表中的权限只针对指定的数据库。如果希望用户只对某个数据库有操作权限，应先将 user 表中对应的权限设置为 N，再在 db 表中设置对应数据库的操作权限。

3. tables_priv 表

tables_priv 表用来对单个表进行权限设置。MySQL 8.0 中 tables_priv 表结构如表10-6 所示。

表 10-6　tables_priv 表结构

字段名	字段类型	是否为空	默认值
Host	char(255)	NO	无
Db	char(64)	NO	无

字段名	字段类型	是否为空	默认值
User	char(32)	NO	无
Table_name	char(64)	NO	无
Grantor	char(288)	NO	无
Timestamp	timestamp	NO	CURRENT_TIMESTAMP
Table_priv	set(…)	NO	无
Column_priv	set(…)	NO	无

表中各字段说明如下：

Host：主机名。

Db：数据库名。

User：用户名。

Table_name：表名。

Grantor：修改该记录的用户。

Timestamp：修改该记录的时间。

Table_priv：表示对表的操作权限，包括 SELECT、INSERT、UPDATE、DELETE、CREATE、DROP、GRANT、REFERENCES、INDEX 和 ALTER 等。

Column_priv：表示对表中的列的操作权限，包括 SELECT、INSERT、UPDATE 和 REFERENCES。

4. columns_priv 表

columns_priv 表用来对单个数据列进行权限设置。MySQL 8.0 中 columns_priv 表结构如表 10-7 所示。

表 10-7　columns_priv 表结构

字段名	字段类型	是否为空	默认值
Host	char(255)	NO	无
Db	char(64)	NO	无
User	char(32)	NO	无
Table_name	char(64)	NO	无
Column_name	char(64)	NO	无
Timestamp	timestamp	NO	CURRENT_TIMESTAMP
Column_priv	set(…)	NO	无

表中各字段说明如下：

Host：主机名。

Db：数据库名。

User：用户名。

Table_name：表名。

Column_name：数据列名称，用来指定对哪些数据列具有操作权限。

Timestamp：修改该记录的时间。

Column_priv：表示对表中的列的操作权限，包括 SELECT、INSERT、UPDATE 和 REFERENCES。

5. procs_priv 表

procs_priv 表可以对存储过程和存储函数进行权限设置，MySQL 8.0 中 procs_priv 的表结构如表 10-8 所示。

表 10-8　procs_priv 表结构

字段名	字段类型	是否为空	默认值
Host	char(255)	NO	无
Db	char(64)	NO	无
User	char(32)	NO	无
Routine_name	char(64)	NO	无
Routine_type	enum('FUNCTION','PROCEDURE')	NO	无
Grantor	char(288)	NO	无
Proc_priv	set(…)	NO	无
Timestamp	timestamp	NO	CURRENT_TIMESTAMP

表中各字段说明如下：

Host：主机名。

Db：数据库名。

User：用户名。

Routine_name：例行程序名。

Routine_type：例行程序类型。值为 FUNCTION 表示这是一个函数；值为 PROCEDURE 表示这是一个存储过程。

Grantor：插入或修改该记录的用户。

Proc_priv：表示拥有的权限，包括 EXECUTE、ALTER ROUTINE、GRANT 3 种。

Timestamp：表示记录更新时间。

二、建立和管理用户账户

有效的登录账号是连接 MySQL 服务器的前提条件。在安装时，MySQL 会默认创建一个名为 root 的用户，该用户拥有超级权限，可以控制整个 MySQL 服务器。在对 MySQL 的日常管理和操作中，为了加强安全控制，可以创建一些具有适当权限的用户，通过限制权限来确保数据库的安全。

1. 创建用户

1）使用 CREATE USER 语句创建用户

在 MySQL 中可以使用 CREATE USER 语句来创建用户，其基本语法格式如下：

```
CREATE USER {用户} [ IDENTIFIED BY [ PASSWORD ] 'password' ] [ , {用户} [ IDENTIFIED
```

```
BY [ PASSWORD ] 'password' ]…];
```

其中"用户"为指定的用户账号，其格式为 user_name@host_name 形式。user_name 是用户名，host_name 为主机名，即用户连接 MySQL 时所用主机的名字。

注意：
如果只给出了用户名，而不指定主机名，那么主机名默认为"%"，表示对所有主机开放权限。

IDENTIFIED BY 子句用于指定用户密码。新用户可以没有初始密码，若该用户不设密码，则可省略此子句。

PASSWORD 表示使用哈希值设置密码。如果密码是一个普通的字符串，则不需要使用 PASSWORD 关键字。"password"表示用户登录时使用的密码，必须为字符串。

CREATE USER 语句可以同时创建多个用户，多个用户之间用逗号隔开。使用 CREATE USER 语句创建一个用户后，会在 MySQL 数据库的 user 表中添加一条新记录，所以使用 CREATE USER 语句时，当前用户必须拥有 MySQL 数据库的 INSERT 权限或全局 CREATE USER 权限。

2）使用 GRANT 语句新建用户

CREATE USER 语句可以用来创建账户，但是 CREATE USER 语句创建的新用户没有任何权限，还需要使用 GRANT 语句赋予用户权限。GRANT 语句不仅可以创建新用户，还可以在创建的同时对用户授权。GRANT 可以指定账户的其他权限，如使用安全连接、限制使用服务器资源等。使用 GRANT 语句创建新用户时必须有 GRANT 权限。使用 GRANT 语句创建用户的基本语法形式如下：

```
GRANT privileges ON db.table TO user@host [IDENTIFIED BY [PASSWORD] 'password']
[WITH GRANT OPTION];
```

其中，"privileges"表示赋予用户的权限类型；"db.table"表示用户的权限所作用的数据库中的表；"IDENTIFIED BY"关键字用来设置密码；"PASSWORD"表示使用哈希值设置密码；"'password'"表示用户密码；"WITH GRANT OPTION"表示对新建立的用户赋予 GRANT 权限，即该用户可以对其他用户赋予权限。

3）通过 mysql.user 表新建用户

可以使用 INSERT 语句在 mysql.user 表中添加用户信息来新建用户。此时要拥有对 MySQL.user 表的 INSERT 权限。

通常情况下只用添加 Host、User 和 authentication_string 这 3 个字段的值。但由于在 MySQL 数据库的 user 表中，ssl_cipher、x509_issuer 和 x509_subject 这 3 个字段没有默认值，所以向 user 表插入新记录时，还需要设置这 3 个字段的值，否则 INSERT 语句将不能执行。

注意：
使用这种方式创建用户，新建用户成功后不会马上生效。要执行 FLUSH PRIVILEGES 命令让用户生效。执行 FLUSH 命令需要 RELOAD 权限。

2. 修改用户名

1）使用 RENAME USER 语句修改用户名

在 MySQL 中，可以使用 RENAME USER 语句修改一个或多个已经存在的用户名，语法格式如下：

```
RENAME USER {旧用户} TO {新用户};
```

使用 RENAME USER 语句，必须拥有 MySQL 数据库的 UPDATE 权限或全局 CREATEUSER 权限。

2）通过 mysql.user 表修改用户名

可以使用 UPDATE 语句在 mysql.user 表中修改用户记录中的 User 字段值来修改用户名，此时要拥有对 mysql.user 表的 UPDATE 权限。

注意：

执行 UPDATE 语句后，需要执行 FLUSH PRIVILEGES 语句重新加载用户权限。

3. 删除用户

1）使用 DROP USER 语句删除用户

在 MySQL 中，可以使用 DROP USER 语句删除用户，其语法格式如下：

```
DROP USER {用户1} [ , {用户2} …];
```

使用 DROP USER 语句必须拥有 MySQL 数据库的 DELETE 权限或全局 CREATE USER 权限。删除用户不会影响之前所创建的表、索引或其他数据库对象。

2）通过 mysql.user 表删除用户

可以使用 DELETE 语句在 mysql.user 表中删除用户记录来删除用户，此时要拥有对 mysql.user 表的 DELETE 权限。

注意：

只能删除普通用户，root 用户是不能删除的。

三、密码管理

1. 修改 root 用户密码

在 MySQL 中，root 用户拥有最高的权限，root 用户密码的安全性也格外重要，为保险起见，最好定期更换。

1）使用 mysqladmin 命令

在 MySQL 中可以使用 mysqladmin 命令来修改密码，其语法格式如下：

```
mysqladmin -u username -h hostname -p password ["newpassword"]
```

其中，"usermame" 为需要修改密码的用户名称，这里为 root 用户；"hostname" 为需要修改密码的用户主机名，默认是 localhost，在本地机上修改可不用指定；"password" 为关键字；"newpassword" 为新设置的密码，必须用双引号括起来，可以不指定，可以在命令执行时再输入。

注意：

mysqladmin 命令要在 Windows 命令行窗口中执行。

指定的密码要符合系统要求的密码安全规则。

2）通过 mysql.user 表修改

可以使用 UPDATE 语句在 mysql.user 表中修改 root 用户记录中的 authentication_string 字段值来修改用户密码。此时要拥有对 mysql.user 表的 UPDATE 权限。

3）使用 SET PASSWORD 语句修改

SET PASSWORD 语句可以用来重新设置其他用户的登录密码或者自己使用的账户的密码。使用 SET PASSWORD 语句修改密码的语法结构如下：

```
SET PASSWORD = PASSWORD ("newpassword");
```

4）使用 ALTER USER 语句修改

可以用 ALTER USER 语句来重新设置其他用户的登录密码或者自己使用的账户的密码。使用 ALTER USER 语句修改密码的语法结构如下：

```
ALTER USER username@hostname IDENTIFIED BY 'new_password';
```

其中，"username"参数是普通用户的用户名；"hostname"参数是普通用户的主机名；"newpassword"是要更改的新密码。

注意：

通过 mysql.user 表修改或使用 SET PASSWORD 语句修改，新密码都必须使用 PASSWORD() 函数进行加密（MySQL 8.0 版本已经使用了新的加密方式，不支持 PASSWORD 函数，可以修改配置文件将加密方式改为旧的）。执行 UPDATE 语句后，需要再执行 FLUSH PRIVILEGES 语句重新加载用户权限。

2. 修改普通用户密码

1）使用 SET PASSWORD 语句修改

在 MySQL 中，普通用户可在登录到 MySQL 服务器后，使用 SET 语句来修改自己的用户密码。其语法格式和前面 root 用户修改自身密码一样。

而 root 用户则不仅能修改自身密码，也能修改其他普通用户密码，格式如下：

```
SET PASSWORD FOR username@hostname = PASSWORD ('newpassword');
```

其中，"username"参数是普通用户的用户名；"hostname"参数是普通用户的主机名；"newpassword"是要更改的新密码。

2）通过 mysql.user 表修改

此方法和 root 用户密码的修改一样。此方法只有 root 用户可以操作，普通用户不行。

3）使用 GRANT 语句修改

在 MySQL 中还可以在全局级别使用 GRANT USAGE 语句修改普通用户的密码。使用 GRANT 语句修改密码，必须拥有 GRANT 权限。通常建议使用该方法来指定或修改密码，语法格式如下：

```
GRANT USAGE ON *.* TO username@hostname IDENTIFIED BY ' newpassword ';
```

其中，"*.*"表示所有数据库中的所有表；"username"参数是普通用户的用户名；"hostname"参数是普通用户的主机名；"newpassword"是要更改的新密码。

注意：

MySQL 8.0 版本已经使用了新的加密方式，不支持 PASSWORD 函数，可以修改配置文件将加密方式改为旧的。

学一学：

如何将 MySQL 8.0 加密方式改为旧的方式？

四、数据库权限的管理

1. 权限系统简介

MySQL 的权限系统在实现上比较简单，相关权限信息主要存储在权限表中。由于权限信息数据量比较小，而且访问比较频繁，所以 MySQL 启动时，会将所有的权限信息都加载到内存中。所以每当修改了权限表的内容之后，都需要执行 FLUSH PRIVILEGES 命令重新加载 MySQL 的权限信息。如果通过 GRANT、REVOKE、CREATE USER 或者 DROP USER 命令来修改相关权限，则不需要手工执行"FLUSH PRIVILEGES"命令，因为这些命令在修改权限表的同时，也会修改内存结构中的权限信息。一般情况下建议尽量使用 GRANT、REVOKE、CREATE USER 以及 DROP USER 命令来进行用户和权限的变更操作，尽量减少直接修改权限来实现用户和权限变更的操作。

MySQL 常用权限如表 10-9 所示。

表 10-9　MySQL 常用权限

权限名称	对应 user 表中的字段
SELECT	Select_priv
INSERT	Insert_priv
DELETE	Delete_priv
UPDATE	Update_priv
REFERENCES	References_priv
CREATE	Create_priv
ALTER	Alter_priv
SHOW VIEW	Show_view_priv
CREATE ROUTINE	Create_routine_priv
ALTER ROUTINE	Alter_routine_priv
INDEX	Index_priv
DROP	Drop_priv
CREATE TEMPORARY TABLES	Create_tmp_table_priv
CREATE VIEW	Create_view_priv
EXECUTE ROUTINE	Execute_priv
LOCK TABLES	Lock_tables_priv
ALL 或 ALL PRIVILEGES 或 SUPER	Super_priv

SELECT：SELECT 语句访问特定数据库中所有表和视图的权限。

INSERT：INSERT 语句向特定数据库中所有表添加数据行的权限。

DELETE：DELETE 语句删除特定数据库中所有表的数据行的权限。

UPDATE：UPDATE 语句更新特定数据库中所有数据表的值的权限。

REFERENCES：表示授予用户可以创建指向特定的数据库中的表外键的权限。

CREATE：表示授权用户可以使用 CREATE TABLE 语句在特定数据库中创建新表的权限。

ALTER：表示授予用户可以使用 ALTER TABLE 语句修改特定数据库中所有数据表的权限。

SHOW VIEW：表示授予用户可以查看特定数据库中已有视图的视图定义的权限。

CREATE ROUTINE：表示授予用户可以为特定的数据库创建存储过程和存储函数的权限。

ALTER ROUTINE：表示授予用户可以更新和删除数据库中已有的存储过程和存储函数的权限。

INDEX：表示授予用户可以在特定数据库中的所有数据表上定义和删除索引的权限。

DROP：表示授予用户可以删除特定数据库中所有表和视图的权限。

CREATE TEMPORARY TABLES：表示授予用户可以在特定数据库中创建临时表的权限。

CREATE VIEW：表示授予用户可以在特定数据库中创建新的视图的权限。

EXECUTE ROUTINE：表示授予用户可以调用特定数据库的存储过程和存储函数的权限。

LOCK TABLES：表示授予用户可以锁定特定数据库的已有数据表的权限。

ALL 或 ALL PRIVILEGES 或 SUPER：表示以上所有权限/超级权限。

2. 权限级别

MySQL 的权限可以分为以下几个层级。

1）全局层级

全局层级的权限控制也叫全局权限控制，所有权限信息都保存在 mysql.user 表中。全局层级的所有权限都是针对整个 MySQL 的，对所有的数据库下的所有表及所有字段都有效。如果一个权限是以全局层级来授予的，则会覆盖其他所有级别的相同权限设置。

要授予全局层级的权限，需要在执行 GRANT 命令的时候，用 "*.*" 来指定适用范围是 Global。当有多个权限需要授予的时候，可将所有需要的权限名称一起指定，中间用逗号隔开即可。

2）数据库层级

数据库层级是在全局层级之下，其他三个层级之上的权限级别，其作用域即为所指定整个数据库中的所有对象。与全局层级相比，数据库层级主要少了以下几个权限：CREATE USER、FILE、PROCESS、RELOAD、REPLICATION CLIENT、REPLICATION SLAVE、SHOW DATABASES、SHUTDOWN、SUPER 和 USAGE 这几个权限，没有增加任何权限。数据库层级也能覆盖比它更下层的权限。

要授予数据库层级的权限，有两种实现方式：

（1）在执行 GRANT 命令的时候，通过 "database.*" 来限定权限作用域为 database 整个数据库。

（2）先通过 USE 命令选定需要授权的数据库，然后通过 "*" 来限定作用域，这样授权的作用域实际上就是当前选定的数据库。

在授予权限的时候，如果有相同的权限需要授予多个用户，可以在授权语句中一次写上多个用户信息，用逗号隔开。

3）表层级

表层级是数据库层级之下的权限，表层级的权限可以被全局层级和数据库层级的权限所覆盖，同时也能覆盖它的下层权限。

表层级权限的作用范围是授权语句中所指定数据库的指定表。表层级的权限由于其作用域仅限于某个特定的表，所以权限种类也比较少，仅有 ALTER、CREATE、DELETE、DROP、INDEX、INSERT、SELECT、UPDATE 这 8 种权限。

4）列层级

列层级权限的作用范围就仅仅是某个表的指定的某个列。列层级的权限同样可以被它的上三个级别的权限中的相同级别所覆盖。但由于列层级所针对的权限和例程层级的权限作用域没有重合部分，所以不会有覆盖与被覆盖的关系。列层级的权限只有 INSERT、SELECT 和 UPDATE 这三种。

当某个用户在向某个表插入数据的时候，如果该用户在该表中某列上面没有 INSERT 权限，则该列的数据将以默认值填充。

5）例程层级

例程层级的权限主要只有 EXECUTE 和 ALTER ROUTINE 两种，主要针对的对象是进程和函数这两种对象。

在授予例程层级权限的时候，需要指定数据库和相关对象。

6）GRANT 权限

除了上述几类权限外，还有一个非常特殊的权限 GRANT，拥有 GRANT 权限的用户可以将自身所拥有的任何权限全部授予其他任何用户，所以 GRANT 权限是一个非常特殊也非常重要的权限。

GRANT 权限的授予方式和其他任何权限都不太一样，通常是在执行 GRANT 授权语句的时候通过在最后添加 WITH GRANT OPTION 子句来达到授予 GRANT 权限的目的。另外，还可以通过 GRANT ALL 语句授予某个层级的所有可用权限给某个用户。

3. 用户授权

授权就是为某个用户赋予某些权限。MySQL 使用 GRANT 语句来为用户授权，拥有 GRANT 权限的用户才可以执行 GRANT 语句。GRANT 语句语法格式如下：

```
GRANT priv_type [(column_list)] [,priv_type [(column_list)] ...]
ON database.table[,database.table ...]
TO user [IDENTIFIED BY [PASSWORD] 'password']
[, user[IDENTIFIED BY [PASSWORD] 'password' ...]]
[WITH with_option [with_option...]]
```

各项含义如下：

"priv_type"参数表示权限类型。

"columns_list"参数表示权限作用于哪些列上，不指定时表示作用于整个表。

"database"表示授权对象所在的数据库。

"table"表示授予权限的列所在的表。

"user"参数表示用户账户，由用户名和主机名构成，格式是"'username'@'hostname'"。

"IDENTIFIED BY"参数用来为用户设置密码。

"password"参数是用户的新密码。

WITH 指定 with_option 参数，可以是如下 5 个选项：

（1）GRANT OPTION：被授权的用户可以将这些权限赋予别的用户。

（2）MAX_QUERIES_PER_HOUR count：设置每个小时可以允许执行 count 次查询。

（3）MAX_UPDATES_PER_HOUR count：设置每个小时可以允许执行 count 次更新。

（4）MAX_CONNECTIONS_PER_HOUR count：设置每小时可以建立 count 个连接。

（5）MAX_USER_CONNECTIONS count：设置单个用户可以同时具有的 count 个连接。

根据权限的层级不同，在 GRANT 语句中可用于指定权限级别的值有以下几类格式：

（1）*：表示当前数据库中的所有表。

（2）*.*：表示所有数据库中的所有表。

（3）db_name.*：表示某个数据库中的所有表，db_name 指定数据库名。

（4）db_name.tbl_name：表示某个数据库中的某个表或视图，db_name 指定数据库名，tbl_name 指定表名或视图名。

（5）db_name.routine_name：表示某个数据库中的某个存储过程或函数，routine_name 指定存储过程名或函数名。

（6）TO 子句：如果权限被授予给一个不存在的用户，MySQL 会自动执行一条 CREATE USER 语句来创建这个用户，但同时必须为该用户设置密码。

4. 撤销用户权限

撤销用户权限就是取消已经赋予用户的某些权限。撤销用户不必要的权限可以在一定程度上保证系统的安全性。在 MySQL 中使用 REVOKE 语句可以撤销用户的某些权限。使用 REVOKE 撤销权限之后，用户账户的记录将从 db、tables_priv 和 columns_priv 表中删除，但是用户账号记录仍然在 user 表中保存。在将用户账户从 user 表删除之前，应该收回相应用户的所有权限。

REVOKE 语句有以下两种格式。

1）删除用户某些特定的权限

语法格式如下：

```
REVOKE priv_type [(column_list) ...]
ON [object_type]table[,[table ...]
FROM user [, user...]
```

REVOKE 语句中的参数与 GRANT 语句的参数意思相同。

2）删除特定用户的所有权限

语法格式如下：

```
REVOKE ALL PRIVILEGES, GRANT OPTION FROM user [, user...]
```

要使用 REVOKE 语句，必须拥有 MySQL 数据库的全局 CREATE USER 权限或 UPDATE 权限。

5. 查看用户权限

在 MySQL 中，可以通过查看 mysql.user 表中的数据记录来查看相应的用户权限，也可以使用 SHOW GRANTS 语句查询用户的权限。

SHOW GRANTS 语句语法格式如下：

```
SHOW GRANTS FOR 'username'@'hostname';
```

其中，"username"表示用户名，"hostname"表示主机名或主机 IP。

五、访问控制

从安全性方面考虑，我们并不希望每个用户都可以执行所有的数据库操作。在 MySQL 中通过访问控制来保障数据库的安全性。当 MySQL 允许一个用户执行各种操作时，它将首先核实该用户向 MySQL 服务器发送的连接请求，然后确认用户的操作请求是否被允许。MySQL 的访问控制分为两个阶段：连接验证阶段和请求验证阶段。

1. 连接验证

当客户端尝试连接到 MySQL 服务器时，服务器根据以下条件接受或拒绝连接：

（1）提供的身份凭据以及是否可以通过提供正确的密码来验证身份。

（2）账户是否已被锁定。

服务器首先检查凭据，然后检查账户锁定状态。任一步骤失败都会导致服务器完全拒绝您的访问。否则，服务器将接受连接，然后进入下一个阶段并等待请求。

凭据校验主要校验 user 表中的 User、Host、authentication_string 三个字段，账户锁定状态存储在 user 表的 account_locked 字段中。锁定状态记录在用户表 account_locked 列中。仅当某些用户表行中的"主机"和"用户"列与客户端主机名和用户名匹配，客户端提供该行中指定的密码且 account_locked 值为"N"时，服务器才接受连接。仅当某些用户表行中的 user 和 host 字段与客户端主机名和用户名匹配，客户端提供该行中指定的密码且 account_locked 值为 N 时，服务器才接受连接。

客户端身份基于以下两个信息：

（1）客户端主机，即域名或 IP 地址。

（2）用户名。

如果 user 列的值是非空白的，则传入连接中的用户名必须完全匹配。如果 user 值为空白，则它与任何用户名匹配。如果与传入连接匹配的用户表行的用户名为空，则该用户将被视为没有名称的匿名用户，而不是具有客户端实际指定的名称的用户。这意味着在连接持续时间内（即在第 2 阶段），将使用空白用户名进行所有进一步的访问检查。

user 表中的非空白 authentication_string 值表示加密的密码。MySQL 不会将密码存储为明文，任何人都可以看到，而是将尝试连接的用户提供的密码进行加密（使用由账户身份验证插件实现的密码哈希方法），然后在连接过程中使用加密的密码。

当客户端传入的身份凭据匹配多个条目时服务器必须确定要使用哪个匹配项。它可以按以下方式解决此问题：

（1）每当服务器将用户表读入内存时，它都会对行进行排序。

（2）客户端尝试连接时，服务器将按排序顺序浏览各行。

（3）服务器使用与客户端主机名和用户名匹配的第一行。

服务器使用排序规则，该规则首先对具有特定的主机值的行进行排序。主机名和 IP 地址是最具体的。模式"%"表示"任何主机"，空字符串""也表示"任何主机"，但顺序排在%之后。具有相同"主机"值的行将按照特定的 user 值进行排序。对于具有相同特定的 user 和 host 值的行，顺序是不确定的。

当服务器将表读入内存时，它将使用刚刚描述的规则对行进行排序。当客户端尝试连接时，服务器将浏览已排序的行并使用找到的第一个匹配项。

2. 请求验证

建立连接后，服务器进入访问控制的第二阶段。对于通过该连接发出的每个请求，服务器将确定要执行的操作，然后检查是否具有足够的特权。这是授权表中的特权列起作用的地方。这些特权可以来自任何用户：global_grants、db、tables_priv、columns_priv 或 procs_priv 表。

user 和 global_grants 表授予全局特权。这些表中给定账户的行表示无论默认数据库是什么，在全局基础上应用账户的特权。例如，如果用户表授予了 DELETE 特权，则可以从服务器主机上任何数据库中的任何表中删除行。安全的做法是仅将需要特权的用户授予用户表中的特权，例如，数据库管理员。对于其他用户，应该将用户表中的所有特权都设置为 N，并仅在更特定的级别上（对于特定的数据库、表、列或例程）授予特权，也可以全局授予数据库特权，但可以撤销部分权限来限制它们在特定数据库上的执行。db 表授予特定于数据库的特权。该表的 scope 列中的值可以采用以下形式：

（1）空的用户值与匿名用户匹配。非空值从字面上匹配；用户名中没有通配符。

（2）通配符%可以在 host 和 db 列中使用，它们具有与使用 LIKE 运算符执行的模式匹配操作相同的含义。如果要在授予特权时按字面使用任何一个字符，则必须使用反斜杠将其转义。例如，要将下画线字符（_）包括在数据库名称中，应在 GRANT 语句中将其指定为_。

（3）%或空白 host 值表示"任何主机"。

（4）%或空白 db 值表示"任何数据库"。

服务器将数据库表读入内存，并在读取 user 表的同时对其进行排序。服务器根据 host、db 和 user 列对数据库表进行排序。与用户表一样，排序将具体的值放在最前面，不具体的值放在最后，当服务器寻找匹配的行时，它将使用找到的第一个匹配项。服务器使用排序的表来验证它收到的每个请求。对于需要管理特权（例如 SHUTDOWN 或 RELOAD）的请求，服务器仅检查 user 和 global_privilege 表，因为它们是唯一指定管理特权的表。如果这些表中账户的行允许请求的操作，则服务器将授予访问权限，否则拒绝访问。例如，如果想执行 mysqladmin shutdown，但是用户表行又未授予 SHUTDOWN 特权，则服务器将拒绝访问，甚至不检查 db 表（后一个表不包含 Shutdown_priv 列，因此无须检查它。）

对于与数据库相关的请求（INSERT、UPDATE 等），服务器首先在 user 表行中检查用户的全局特权（减去部分撤销所施加的任何特权限制）。如果该行允许请求的操作，则授予访问权限。如果用户表中的全局特权不足，则服务器从数据库表中确定用户的数据库特定特权。

服务器在 db 表中查找 Host、Db 和 User 列上的匹配项。Host 和 User 列与连接用户的主机名和 MySQL 用户名匹配。Db 列与用户要访问的数据库匹配。如果主机和用户没有行，则拒绝访问。在确定 db 表行授予的特权之后，服务器会将它们添加到 user 表授予的全局特权中。如果结果允许请求的操作，则授予访问权限。否则，服务器会先检查 tables_priv 和 columns_priv 表中用户的表特权和列特权，将这些特权添加到用户特权中，然后根据结果允许或拒绝访问。

对于存储过程操作，服务器使用 procs_priv 表而不是 table_priv 和 columns_priv。

 任务实施

配套解答

　　说明：MySQL 8.0 版本已经使用了新的加密方式，不支持 PASSWORD 函数，若使用 MySQL 8.0 以上版本，请先修改配置文件，将加密方式改为旧的加密方式。

　　在配置文件 my.conf 中添加如下内容：

```
[mysqld]
default_authentication_plugin=mysql_native_password
```

　　任务要求 1：使用 CREATE USER 创建一个用户，用户名是 test1，密码是 test1，主机名是 localhost。

　　实现过程 1：以 root 身份登录 MySQL，输入如下命令并按回车键：

```
CREATE USER 'test1'@'localhost' IDENTIFIED BY 'test1';
```

　　想一想：

　　在 mysql.user 表中能看到密码'test1'吗？

　　任务要求 2：通过 mysql.user 表，创建名为 test2 的用户，主机名是 localhost，密码是 test2。

　　实现过程 2：以 root 身份登录 MySQL，输入如下代码并执行：

```
USE mysql;
INSERT INTO user(Host, User, authentication_string, ssl_cipher, x509_issuer,
x509_subject) VALUES ('localhost', 'test2', PASSWORD('test2'), '', '', '');
FLUSH PRIVILEGES;
```

　　想一想：

　　密码为什么要放在 PASSWORD 中？

　　为什么要有三个空字符串？

　　最后一条命令的作用是什么？

　　任务要求 3：使用 RENAME USER 语句将用户名 test1 修改为 User1，主机是 localhost。

　　实现过程 3：以 root 身份登录 MySQL，输入如下代码并执行：

```
RENAME USER 'test1'@'localhost' TO 'User1'@'localhost';
```

　　注意：

　　不能删除正在使用的登录名。

　　任务要求 4：通过 mysql.user 表，将用户名 test2 修改为 User2，主机是 localhost。

　　实现过程 4：以 root 身份登录 MySQL，输入如下代码并执行：

```
USE mysql;
UPDATE user SET User='User2' WHERE Host='localhost'AND User='test2';
FLUSH PRIVILEGES;
```

任务要求 5：使用 DROP USER 语句删除用户'User1'@'localhost'。

实现过程 5：以 root 身份登录 MySQL，输入如下代码并执行：

```
DROP USER 'User1'@'localhost';
```

任务要求 6：通过 mysql.user 表，删除用户'User2'@'localhost'。

实现过程 6：以 root 身份登录 MySQL，输入如下代码并执行：

```
USE mysql;
DELETE FROM user WHERE Host='localhost' AND User='User2';
FLUSH PRIVILEGES;
```

任务要求 7：使用 mysqladmin 将 root 用户的密码修改为"new+pwd1"。

实现过程 7：启动 cmd 命令窗口，切换到 MySQL 安装目录，输入如下命令并按回车键：

```
mysqladmin -u root -p password "new+pwd1"
```

在提示输入密码时，输入原密码。

想一想：

能不能直接执行，不用输入原密码？

任务要求 8：通过 mysql.user 表，将 root 用户的密码修改为"new+pwd2"。

实现过程 8：以 root 身份登录 MySQL，输入如下代码并执行：

```
USE mysql;
UPDATE user SET authentication_string = password ("new+pwd2") WHERE User = "root"
and Host = "localhost";
FLUSH PRIVILEGES;
```

任务要求 9：使用 SET PASSWORD 命令将 root 用户的密码修改为"new+pwd3"。

实现过程 9：以 root 身份登录 MySQL，输入如下代码并执行：

```
SET PASSWORD = password ("new+pwd3");
FLUSH PRIVILEGES;
```

任务要求 10：使用 ALTER USER 命令将 root 用户的密码修改为"new+pwd4"。

实现过程 10：以 root 身份登录 MySQL，输入如下代码并执行：

```
ALTER USER 'root'@'localhost' IDENTIFIED BY 'new+pwd4';
FLUSH PRIVILEGES;
```

任务要求 11：创建一个没有密码的 test1 用户，通过 root 用户为 test1 用户指定密码为"test1+pwd"。

实现过程 11：以 root 身份登录 MySQL，输入如下代码并执行：

```
CREATE USER 'test1'@'localhost';
SET PASSWORD FOR 'test1'@'localhost' =password("test1+pwd");
FLUSH PRIVILEGES;
```

任务要求 12：使用 GRANT 语句创建一个新的用户 test2，密码为"test2+pwd"。用户 test2 对所有的数据库和表有查询、修改权限。

实现过程 12：以 root 身份登录 MySQL，输入如下代码并执行：

```
GRANT SELECT,UPDATE ON *.* TO 'test2'@'localhost' IDENTIFIED BY 'test2+Pwd';
```

想一想：

*.*代表什么？

任务要求 13：使用 GRANT 语句将用户 test2 的密码修改为"new2+pwd"。

实现过程 13：以 root 身份登录 MySQL，输入如下代码并执行：

```
GRANT USAGE ON *.* TO 'test2'@'localhost' IDENTIFIED BY 'new2+Pwd';
```

任务要求 14：为用户 test2 增加新的权限，让它对所有的数据库和表有插入权限和 GRANT 权限。

实现过程 14：以 root 身份登录 MySQL，输入如下代码并执行：

```
GRANT INSERT ON *.* TO 'test2'@'localhost' WITH GRANT OPTION;
```

任务要求 15：为用户 test1 增加新的权限，让它对数据库 testdb 中的表 testable 有查询和修改权限。

实现过程 15：以 root 身份登录 MySQL，输入如下代码并执行：

```
GRANT SELECT,UPDATE ON testdb.testable TO 'test1'@'localhost';
```

任务要求 16：查看用户 test2 的权限。

实现过程 16：以 root 身份登录 MySQL，输入如下代码并执行：

```
SHOW GRANTS FOR 'test2'@'localhost';
```

任务要求 17：撤销用户 test2 对所有数据库、表的插入权限。

实现过程 17：以 root 身份登录 MySQL，输入如下代码并执行：

```
REVOKE INSERT ON *.* FROM 'test2'@'localhost';
```

任务要求 18：撤销用户 test1 对数据库 testdb 的表 testable 的修改权限。

实现过程 18：以 root 身份登录 MySQL，输入如下代码并执行：

```
REVOKE UPDATE ON testdb.testable FROM 'test1'@'localhost';
```

任务二　数据库的表维护

 ## 任务提出

数据库的数据都是存放在表中的，而平时的各种操作也大多都是针对表展开的。表一旦出现问题，就会影响到数据库系统的正常运行。例如，因服务器崩溃而损坏的表、表上查询处理缓慢等情况都需要维护和处理。

 ## 任务分析

在使用数据库时，表中的插入、更新和删除数据，这些操作可能会导致表的物理存储碎片化。服务器意外关闭，将数据写入硬盘时出错，可能会使数据库运行不正常，甚至于崩溃。当出现这些情况的时候，就需要对数据库的表进行维护。MySQL 提供了几个语句，可以有效地维护数据库中的表。通过这些语句，能够分析、优化、检查和修复数据库中的表。

本任务的具体要求如下：
- 熟悉不同类型的表维护操作。
- 掌握维护表的相关语句。
- 能使用客户端和实用程序维护表。
- 能根据具体的存储引擎维护表。

 相关知识

一、分析表语句 ANALYZE TABLE

利用 ANALYZE TABLE 语句能够分析并存储表的键分布统计信息，用于更好地进行查询执行选择。它能处理使用 InnoDB、NDB 和 MyISAM 引擎的表。

ANALYZE TABLE 语句的基本格式如下：

```
ANALYZE [NO_WRITE_TO_BINLOG | LOCAL] TABLE tbl_name [, tbl_name ...];
```

其中，NO_WRITE_TO_BINLOG 或 LOCAL 表示不记录二进制日志；tbl_name 为要分析的表名，可以同时分析多个表。

在分析过程中，MySQL 在使用 InnoDB 和 MyISAM 引擎的表上会加上一个只读锁，停止数据更新。对于使用 MyISAM 引擎的表来说，这条语句等价于使用 mysql check --analyze 语句。如果表自从上次执行 ANALYZE TABLE 语句后没有发生过改变，MySQL 将不分析该表。在默认情况下，MySQL 将 ANALYZE TABLE 语句写入二进制日志并且将其复制到从库；使用可选的关键字 NO_WRITE_TO_BINLOG 或它的别名 LOCAL 来设置不记录日志。

执行 ANALYZE TABLE 语句需要有表的 SELECT 和 INSERT 权限。

ANALYZE TABLE 语句支持分区表，可以使用 ALTER TABLE…ANALYZE PARTITION 来检查一个或多个分区。

可以通过以下选项设置 ANALYZE TABLE 语句要收集和存储的键值分布统计信息。

1）innodb_stats_persistent

当该选项设置为 ON，MySQL 将在新建的表上启用 STATS_PERSISTENT 设置。在默认情况下，MySQL 不会持续将键值分布的统计信息写入磁盘，所以统计信息必须在某些时间重新生成，比如服务器重启。当启用 STATS_PERSISTENT 时，MySQL 将存储这些表的键值分布统计信息至磁盘，这样这些表将不需要再频繁生成统计信息。这使得随着时间的推移，优化器可以创建更稳定的查询计划。

2）innodb_stats_persistent_sample_pages

MySQL 通过对 STATS_PERSISTENT 表的索引页采样而非整张表重新生成统计信息。在默认情况下，它对样例的 20 页进行采样，增加页数可以提升生成的统计信息的准确性和生成

更精准的查询计划。减少页数可以减少生成统计信息时 I/O 的消耗。

3）innodb_stats_transient_sample_pages

当 STATS_PERSISTENT 未设置的时候，该选项用于控制表上索引页的采样数量。

可以通过以下选项设置 ANALYZE TABLE 语句如何自动收集统计信息。

1）innodb_stats_auto_recalc

启用该选项时，当 STATS_PERSISTENT 表自上次重新统计后，有 10%行记录改变时，MySQL 将自动收集统计信息。

2）innodb_stats_on_metadata

执行 SHOW TABLE STATUS 或其他元数据语句以及查询 INFOMATION_SCHEMA. TABLES 时，启用该选项将更新统计信息。

二、检查表语句 CHECK TABLE

利用 CHECK TABLE 语句可以检查表结构和内容的完整性，验证视图定义，对使用 InnoDB、CSV、MyISAM 和 ARCHIVE（存储引擎）的表生效。

CHECK TABLE 语句的基本格式如下：

```
CHECK TABLE tbl_name [, tbl_name...] [option...];
```

其中，"tbl_name" 为要检查的表名；"option" 为选项。

option 可以为以下选项：

（1）FOR UPGRADE：检查当前服务器的表是否工作。

（2）QUICK：不扫描不正确链接的行。

（3）FAST：检查表是否被正确地关闭了。

（4）CHANGE：检查 CHECK 语句之后发生变化的表。

（5）MEDIUM：检查索引数据及表数据之间的连接是否正确。

（6）EXTENDED：全面检查。

在 InnoDB 和 ARCHIVE 存储引擎上可使用 FOR UPGRADE 选项；使用 InnoDB 存储引擎的表上可使用 QUICK 选项；MyISAM 可使用全部选项。

如果 CHECK TABLE 发现使用 InnoDB 存储引擎的表有错误，服务器将会被关闭以防止错误传播，MySQL 将会记录错误到错误日志中。

执行 CHECK TABLE 语句时，对于使用 MyISAM 存储引擎的表，键值统计信息也会被更新。

CHECK TABLE 语句也支持分区表，可以使用 ALTER TABLE…CHECK PARTITION 来检查一个或多个分区。

对于 FOR UPGRADE 子句，服务器检查每个表以确认表结构是否与当前版本的 MySQL 兼容。数据类型的存储格式更改或者它的排序顺序改变都可能导致不兼容。如果存在不兼容，服务器将在表上运行一个完整的检查，如果完整检查成功，服务器将会在表的.frm 文件上标记当前 MySQL 版本的数字。标记.FRM 文件可以确保该表未来做同样版本服务器检查时能快速检查。

三、校验表语句 CHECKSUM TABLE

CHECKSUM TABLE 语句对于每个表可以获得一个校验和用于校验数据传输的完整性问题。对于 MyISAM 创建的表，校验和都存储在表中，叫作实时校验和。如果数据改变，实时校验和也会改变。

CHECKSUM TABLE 语句的基本格式如下：

```
CHECKSUM TABLE tbl_name [, tbl_name ...] [ QUICK | EXTENDED ];
```

其中，tbl_name 为要检查的表名。如果使用了 EXTENDED，那么分析和计算最初的表，即便这个表是 MyISAM 表也不使用实时校验和，而是重新计算。若指定了 QUICK，如果是 MyISAM 表就返回实时校验和，否则返回 NULL。默认选项为 EXTENDED。

执行 CHECKSUM TABLE 语句时需要拥有 SELECT 表的权限。对于不存在的表，CHECKSUM TABLE 返回"NULL"并且生成一条警告。

四、优化表语句 OPTIMIZE TABLE

OPTIMIZE TABLE 语句可整理表的碎片。通过重建表和释放未使用的空间以整理碎片，优化过程中会锁定表，并更新索引统计信息。

OPTIMIZE TABLE 语句的基本格式如下：

```
OPTIMIZE TABLE [NO_WRITE_TO_BINLOG | LOCAL] TABLE tbl_name [, tbl_name ...];
```

其中，"NO_WRITE_TO_BINLOG/LOCAL"表示不记录二进制日志；"tbl_name"为要分析的表名。

OPTIMIZE TABLE 语句执行时需要拥有表的 SELECT 和 INSERT 权限。

OPTIMIZE TABLE 会对删除、更新和接合记录等引起的分散的、非连续的数据中涉及的未使用的可回收空间进行碎片整理，并且支持分区表，可以使用 ALTER TABLE…OPTIMIZE PARTITION 检查一个或多个分区。

在使用 InnoDB 引擎的表中，OPTIMIZE TABLE 和 ALTER TABLE 类似，将重建表以更新索引统计信息和群集索引中空闲的未使用的空间。

在 ARCHIVE 存储引擎上使用 OPTIMIZE TABLE 语句可以压缩表。使用 SHOW TABLE STATUS 语句查看 ARCHIVE 表行数产生的结果往往比较准确，在执行优化操作时会产生一个.ARN 文件。

五、修复表语句 REPAIR TABLE

REPAIR TABLE 语句可以用来修复可能已经损坏的使用 MyISAM 或 ARCHIVE 引擎的表，但不支持使用 InnoDB 引擎的表。注意，在修复过程中会锁定表。

REPAIR TABLE 语句的基本格式如下：

```
REPAIR TABLE [NO_WRITE_TO_BINLOG | LOCAL] TABLE tbl_name [, tbl_name ...] [QUICK]
[EXTENDED] [USE_FRM];
```

其中，"NO_WRITE_TO_BINLOG/LOCAL"表示不记录二进制日志；"tbl_name"为要分

析的表名；"QUICK"表示仅仅修复索引树；"EXTENDED"表示逐行创建索引（替代以排序方式一次创建一个索引）；"USE_FRM"表示使用.FRM 文件重新创建.MYI 文件，USE_FRM选项不能在分区表上使用。

执行 REPAIR TABLE 命令时需要拥有表上的 SELECT 和 INSERT 权限。

在执行修复操作之前最好对表进行备份，因为在某些情况下，该操作可能会导致数据丢失，进而导致数据文件错误。如果在执行 REPAIR TABLE 操作期间服务器崩溃，必须在服务器重启之后马上再次执行 REPAIR TABLE 指令来避免进一步的错误。

六、mysqlcheck 命令

mysqlcheck 命令是一条检查、修复、分析和优化表的客户端命令，相当于集成了 MySQL 中表的 CHECK、REPAIR、ANALYZE、OPTIMIZE 功能，对使用 InnoDB、MyISAM 和 ARCHIVE 存储引擎的表均有效。

mysqlcheck 的基本格式有以下三种：

```
mysqlcheck [选项] <数据库名> [表名]
mysqlcheck [选项] --databases <数据库名1> [数据库名2 数据库名3...]
mysqlcheck [选项] --all-datbases
```

分别应用于三个不同级别：指定表、指定数据库、所有数据库。

mysqlcheck 常用选项含义如下：

（1）--all-database，-A 检查所有数据库中的所有表。

（2）--all-in-1，-1 不是为每个表发出一个语句，而是为命名数据库中待处理的所有表的每个数据库执行一条语句。

（3）--analyze，-a 分析表。

（4）--auto-repair 如果某个被检查的表破坏了，自动修复它。检查完所有表后自动进行所有需要的修复。

（5）--character-sets-dir=path 指定 MySQL 字符集的安装目录。

（6）--check，-c 检查表的错误。

（7）--check-only-changed，-C 只检查上次检查以来已经更改的或没有正确关闭的表。

（8）--database，-B 处理数据库中命名的所有表。

（9）－default-character-set=charset 使用默认字符集。

（10）--extended，-e 进行完全检查。

（11）--fast，-F 只检查没有正确关闭的表。

（12）--force，-f 即使出现 SQL 错误也继续。

（13）--host=host_name，-h host_name 指定服务器名。

（14）--medium-check，-m 检查索引数据及表数据之间的连接是否正确。

（15）--optimize，-o 优化表。

（16）--password[=password]，-p[password] 指定密码。

（17）--port=port_num，-P port_num 指定端口号。

（18）--protocol={TCP | SOCKET | PIPE | MEMORY} 指定协议。

（19）--quick，-q 快速检查。

（20）--repair，-r 执行可以修复大部分问题的修复，但对于唯一值不唯一时则不能修复。

（21）--silent，-s 沉默模式，只打印错误消息。

（22）--socket=path，-S path 用于连接的套接字文件。

（23）--tables 指定要检查或修复的表名。

（24）--user=user_name，-u user_name 指定用户名。

（25）--verbose，-v 冗长模式，打印关于各阶段程序操作的信息。

七、myisamchk 命令

myisamchk 是一个检查 MyISAM 引擎表的非客户端实用工具，其功能和 mysqlcheck 相似，但只用于使用 MyISAM 引擎的表，并且不支持分区表。

myisamchk 并不和 MySQL 服务器通信，它直接从文件访问表。在执行表维护时使用 myisamchk 可以避免表的并发访问。

myisamchk 必须在 MySQL 服务停止时工作，但 mysqlcheck 可以在不关闭 MySQL 服务时执行。

myisamchk 命令和 mysqlcheck 命令的格式及参数差不多，这里就不再介绍了。

 ## 任务实施

配套解答

任务要求 1：分析数据库 xsgl 中的表 student。

实现过程 1：以 root 身份登录 MySQL，输入如下命令并按回车键：

```
USE xsgl;
ANALYZE  TABLE student;
```

任务要求 2：分析数据库 xsgl 中的表 score，并且不记录二进制日志。

实现过程 2：以 root 身份登录 MySQL，输入如下命令并按回车键：

```
USE xsgl;
ANALYZE NO_WRITE_TO_BINLOG TABLE score;
```

或者：

```
ANALYZE LOCAL TABLE score;
```

任务要求 3：检查数据库 xsgl 中的表 course 是否兼容。

实现过程 3：以 root 身份登录 MySQL，输入如下命令并按回车键：

```
USE xsgl;
CHECK TABLE course FOR UPGRADE;
```

任务要求 4：对数据库 xsgl 中的表 course 进行全面检查。

实现过程 4：以 root 身份登录 MySQL，输入如下命令并按回车键：

```
USE xsgl;
CHECK TABLE course EXTENDED;
```

任务要求 5：对数据库 xsgl 中的表 course 进行快速校验。

实现过程 5：以 root 身份登录 MySQL，输入如下命令并按回车键：

```
USE xsgl;
```

```
CHECKSUM TABLE course QUICK;
```

任务要求 6：对数据库 xsgl 中的表 score 进行碎片整理。

实现过程 6：以 root 身份登录 MySQL，输入如下命令并按回车键：

```
USE xsgl;
OPTIMIZE TABLE score;
```

任务要求 7：使用.FRM 文件对数据库 xsgl 中的表 score 进行修复。

实现过程 7：以 root 身份登录 MySQL，输入如下命令并按回车键：

```
USE xsgl;
REPAIR TABLE score USE_FRM; '
```

任务要求 8：使用 mysqlcheck 命令分析数据库 xsgl 中的表 student。

实现过程 8：启动 cmd 命令窗口，切换到 MySQL 安装目录，输入如下命令并按回车键：

```
mysqlcheck -u root -p -a xsgl student
```

任务要求 9：使用 mysqlcheck 命令修复数据库 xsgl 中的表 score。

实现过程 9：启动 cmd 命令窗口，切换到 MySQL 安装目录，输入如下命令并按回车键：

```
mysqlcheck -u root -p -r xsgl student
```

任务要求 10：使用 mysqlcheck 命令修复数据库 xsgl 和数据库 test 中所有的表。

实现过程 10：启动 cmd 命令窗口，切换到 MySQL 安装目录，输入如下命令并按回车键：

```
mysqlcheck -u root -p -c --databases xsgl test
```

注意：

如果只是一个数据库中的所有表，--databases 可以省略。

任务要求 11：使用 mysqlcheck 命令优化全部数据库中所有的表。

实现过程 11：启动 cmd 命令窗口，切换到 MySQL 安装目录，输入如下命令并按回车键：

```
mysqlcheck -u root -p -o -A
```

习　题

一、填空题

1. 安装 MySQL 时创建的系统管理员账号名称是_____。

2. MySQL 权限表存放在_____数据库里。

3. 权限表中最重要的是_____、_____，除此之外，还有 table_priv 表、columns_priv 表和 proc_pric 表等。

4. 可以给指定的对象授予权限的命令是_____。

5. 修改了权限表的内容之后，都需要执行_____命令重新加载 MySQL 的权限信息。

6. 在 MySQL 中使用_____语句可以撤销用户的权限。

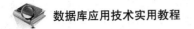

二、简答题

1. MySQL 中权限分为几个级别？

2. MySQL 中修改用户密码有几种方式？

3. myisamchk 命令和 mysqlcheck 命令有何异同？